제3판

농업의 미래 한국의 선택

김영욱 지음

FUTURE OF AGRICULTURE
CHOICE OF KOREA

教友社

김영욱 (金榮旭)
한국외국어대학교
미국 노스다코다주립대학원 (농업경제학 석사)
네덜란드 사회과학원
제16회 행정고등고시 합격
농림부·청와대 등에서 근무
농림부 유통정책국장, 식량생산국장, 국립농산물 품질관리원장
미국 조지워싱턴대학교 객원연구원
농촌진흥청장 역임

현재 KRA와 함께하는 농촌희망재단 이사장
한국농수식품무역협회 이사장
전북대학교 농업생명대학 겸임교수

저서 : 君의 天은 民이요 民의 天은 食이라

제3판
농업의 미래 한국의 선택

제3판 인쇄 / 2009년 9월 1일
제3판 발행 / 2009년 9월 10일

지은이 / 김영욱
펴낸이 / 오판근
펴낸곳 / 교우사
주 소 / 서울특별시 동대문구 제기2동 148-19
출판등록 / 1994년 3월 24일 제6-0256호
전 화 / 02)925-2861(代), 편집부 / 925-2825
팩 스 / 925-2860
e-mail / kyowoo@kyowoo.co.kr
http://www.kyowoo.co.kr

ISBN 978-89-8172-562-4 (13520)

가격 **15,000**원

머리말

농업은 우리 역사와 함께 해왔고 국민생활과 밀접한 관계를 맺어 왔다. 그러나 갈수록 농업의 위상은 달라지고 있다. 점차 사양산업으로 밀려나고 있다. 여기에 종사하는 사람들도 상대적 빈곤감과 불안과 불만 속에서 살아가고 있다.

앞으로 농업은 장래가 있는가, 농업이 어떻게 변해갈 것인가는 농업 종사자들의 원초적인 물음이 될 것이다. 농업의 미래 흐름과 미래 모습을 미리 알고 미리 대비할 수 있다면 승자가 될 수 있을 것이다. 시대의 흐름을 모르고 미래에 대한 대비를 하지 않을 경우 흐름에서 도태되고 말 것이다.

이러한 관점에서 본서는 앞으로의 농업환경과 농업 모습이 어떻게 진화하고 변모해 갈 것인가 전망해 보고, 예고된 변화에 어떻게 대응해야 하는지 고민해 보고, 농업 변화 트랜드와 보조를 맞춰가기 위한 방안으로 「썩세스」 농업을 구상해 보았다. 미래를 내다보

면서 농업의 기초체력을 다질 수 있는 방법으로 보았기 때문이다.

단기적인 전망과 눈앞에 닥친 문제들보다 장기적인 시각에서 근본적인 대응자세에 초점을 맞췄다. 현재 농업에 종사하고 계신 분, 농업에 진입하려는 분, 그리고 농업과 연관을 맺고 계신 분께 다시 한 번 농업의 활로를 생각해 보는 기회가 되기를 바란다.

전체를 훑어볼 수 있도록 멀리 넓게 보고 정리하였고, 부담 없이 읽을 수 있도록 쉽고 짧게 설명하려고 노력하였다.

끝으로 사진 제공에 협조해 준 농촌진흥청 기술공보담당실과 이 책의 출판을 흔쾌히 맡아주신 교우사 오판근 사장님 및 교우사 가족들에게 감사드린다.

저자

차 례

표 차례

예시 차례

PART I

농업 강국과 농업 약국

1750년 세계에서 가장 부유한 나라와
가장 가난한 나라와의
1인당 국민총생산 차이는 5대 1이었다.
이제는 390대 1이다.
앞으로 정보기술과 생명공학의 혁명으로
곧 1000대 1 이상이 될 것이다.

주안 엔리퀘즈
(Juan Enriquez)

01 농업분야의 국력분포

세계 경제는 원래 농업경제였다. 그러다가 제조업이 빠르게 성장했다. 그러나 지금은 서비스업이 더 빠르게 성장하고 있다. 돈을 더 많이 벌 수 있기 때문이다.

농업도 마찬가지다. 부를 창출하는 방법에 따라 부의 격차가 벌어지고 있다. 풍부한 부존자원에만 의존하는 나라는 농업 후진국으로 처지고, 천연자원이 빈약한데도 지식 산업화한 나라는 농업 선진국으로 발돋움했다.

■■■ 네 가지 유형의 나라

농업이 있는 국가들을 국민소득 수준과 농산물 수출비중을 기준으로 분류해 보자. 소득수준은 산업의 생산성 정도를 나타내고, 수출비중은 국제 경쟁력을 반영하고 있기 때문에 두 지표로 산업의 힘을 가늠할 수 있다. 우선 네 가지 유형으로 나누어 볼 수 있다.

제1유형은 선진국으로서 농산물 수입액보다 농산물 수출액이 더 많은 나라들이다. 광활한 토지를 가진 미국 · 캐나다 · 프랑스 · 호주 등과 국토가 협소한 네덜란드 · 덴마크 · 뉴질랜드 등이 여기에 속한다.

제2유형은 농산물 수출보다 수입의존도가 더 큰 선진국들이다. 영국 · 독일 · 이태리 · 일본 · 스위스 · 포르투갈 · 오스트리아 등이 이 범주에 속한다.

제3유형은 농산물 수출액이 수입액을 초과하고 있는 개발도상국들이다. 인도 · 남미의 ABC국가들(아르헨티나 · 브라질 · 칠

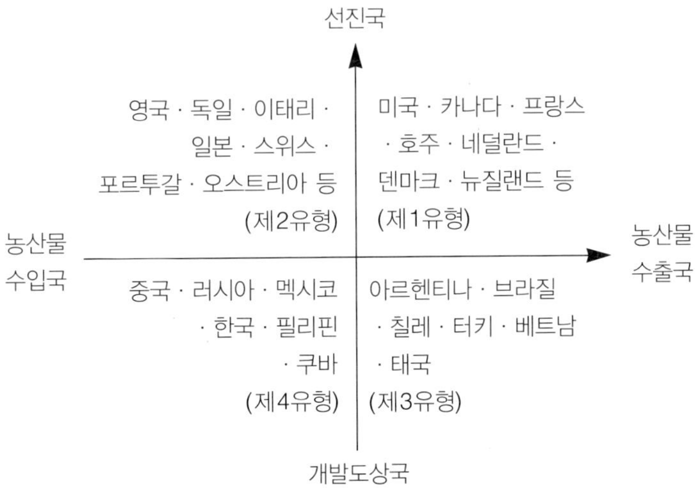

표 1 • 국민소득 · 농산물 수출별 국가 비교(2007)

레)·터키·태국·월남·인도네시아·말레이시아 등이 대표적 국가들이다.

제4유형은 농산물 수입에 주로 의존하고 있는 개발도상국들이 여기에 해당한다. 우리나라를 비롯하여 중국·러시아·멕시코·체코·필리핀·쿠바 등이 이 유형에 든다.

여기서 제1유형의 나라들은 농업 강국으로, 제4유형의 국가군을 농업 약국으로 나눌 수 있다. 농업 강국은 다시 경지면적의 규모를 기준으로 농업 강대국과 농업 약강소국으로 구분할 수 있다.

표 2 • 10대 농산물 수출국과 수입국

순위	수출국(수출액)	수입국(수입액)
1	미국(639억불)	미국(599억불)
2	화란(478)	독일(508)
3	프랑스(466)	중국(417)
4	독일(392)	일본(415)
5	브라질(272)	영국(414)
6	벨기에(263)	프랑스(346)
7	이태리(244)	이태리(317)
8	스페인(242)	화란(287)
9	영국(212)	벨기에(230)
10	호주(209)	스페인(198)

출처 : FAO, statistical year book(2006)

크고 강한 나라, 작고 강한 나라

02

농업을 중심으로 볼 때 크고 강한 나라는 미국 · 캐나다 · 호주 · 프랑스 등이, 작고 강한 나라는 네덜란드 · 덴마크 · 뉴질랜드 등이 있다. 이들 국가 중 미국과 네덜란드를 예로 들어 강한 나라의 강한 이유를 찾아보기로 한다.

미국 농업의 강점

아메리카대륙에서 200년 전만 해도 미국사람들은 쿠바나 아르헨티나 사람들보다 못 살았다. 그러나 미국은 국민들을 교육시키고 자본을 축적하고 기술을 개발함으로써 세계 제일의 농업국가로 자리를 잡게 되었다.

지금은 농업의 산업비중과 인구비중이 1%에 불과하지만 연간

600억 달러 이상의 농산물을 수출하는 세계 최대의 농산물 수출국이 되었다. 우리나라 농가 수의 2배인 1.9백만 농가에서 농산물을 생산하여 25%를 수출하고 있는 셈이다. 미국이 농업강국으로 될 수 있었던 요인은 어디에 있는가?

첫째, 풍부한 농업자원과 유리한 자연조건을 들 수 있다. 광활한 토지와 경사지가 별로 없는 대평원에다 토질과 기후도 좋다.

둘째, 농업인의 개척정신과 기업가 기질도 중요한 요인으로 작용했다. 19세기에 서부로 옮겨가면서 공유지를 무단으로 개간하여 농사를 짓던 개척정신이 바탕을 이루고 있다(후에 The Homestead Act of 1862에 의해 1가구당 64 ha인 160 a까지 무상으로 양도되었다).

미국 농가는 100~200 ha 규모 내외의 농장과 대형 농기계, 저장창고 등 자본장비를 갖추고 항상 파산의 위험부담을 안고 경영을 해간다.

셋째, 연관산업의 발달과 외부 경제의 영향도 농업발전에 큰 몫을 하고 있다. 농기계 · 종자 · 비료 · 농약 등 농자재 제조산업, 가공업, 금융업, 운송업, 무역업 및 식품산업과 소비시장의 발전이 농업성장을 견인하거나 촉진해 왔다.

특히 이 분야에는 세계시장을 주름잡는 거대 다국적 기업들이 포진하고 있다.

넷째, 정부의 지원 정책과 정치권의 후원이 미국의 농업을 지탱하고 있다. 농가 중 소득의 절반 정도는 정부지원에서 나오고, 나머지 절반은 시장에 의해 결정된다.

정부지원은 농산물가격 및 농가 소득지지, 금융, 기술, 정보 및 교육 제공, 농업재해지원, 농업환경보전, 국내식량보조 및 해외식량원조, 해외 농산물 시장 개척 등 광범위하다.

미국의 농업정책은 농산물 가격지지와 재배면적 통제 근거를 규정한 1930년대의 농업조정법(The Agricultural Adjustment Act of 1933)이 지금까지 근간을 이루고 있다. 1970년부터는 3~7년 주기로 정부정책 내용을 포괄적으로 규정한 종합농업법(Omnibus Farm Bill)을 제정하고 있으며, 최근에는 2002년 농업법(The Farm Security and Rural lnvestment Act of 2002)이 제정되었다.

네덜란드 농업의 강점

경지면적이 우리나라의 절반도 안 되는 작은 나라지만 농산물 수출액은 우리나라의 25배인 연간 500억 달러 수준으로 미국에 이어 세계 2위의 수출국이다. 농업의 산업비중과 인구비중도 3%에 불과하다. 네덜란드는 북해보다 낮은 나라인데다 자원이 부족하여 간척을 통하여 땅을 늘려왔고 해외 진출에 앞장서 왔던 나라다. 그러면 농업의 저력은 어디에 있는가?

첫째, 협소한 농토와 불리한 자연조건을 극복한데서 찾을 수 있다. 네덜란드는 물과 싸워온 나라라 해도 과언이 아니다. 좁은 토지를 늘리기 위하여 간척사업을 꾸준히 추진해 왔다. 전 국토의 20%가 폴더(Polder)라는 간척지다.

이제는 세계 최고 수준의 간척기술과 경험을 축적하고 있다. 북해 연안 국가로 안개와 바람이 많고 일조량이 적어 농업조건은 좋지 않다. 그러나 풍차를 이용하여 에너지를 얻었고 유리하우스를 개발하여 시설 원예를 번창시켰다.

둘째, 해외팽창 기질과 상인정신이 농업의 발전을 가져왔다. 일찍이 해외로 진출하여 인도네시아와 수리남을 식민지화한 역사를 가지고 있다. 국내 내수기반이 취약해서이기도 하지만 개인이나 기업이나 산업은 외국시장을 상대로 주로 돈벌이를 한다. 농업도 예외가 아니다. 더치페이(Dutch Pay)[1]가 상징하듯 돈거래, 상거래도 합리적이고 상술도 뛰어난 것으로 평가되고 있다. 네덜란드는 원자재를 수입하여 재수출하는 가공무역에 뿌리를 두고 있다.

셋째, 특화농업과 지식집약형 농업이 네덜란드 농업의 오늘을 가져왔다. 네덜란드는 화훼산업이 빠르게 발전해왔고 세계 제일의 꽃 수출국이다. 꽃 수출액이 우리나라 농산물 총 수출액보다 많다. 기술, 자본, 지식을 집중 투자하여 온도, 습도 등 재배환경을 자동 조절하는 자동유리하우스를 이용해 왔고 해외에도 수출하고 있다. 생산 · 유통 및 해외 판매에 이르는 시스템과 알스메어 꽃 도매시장은 벤치마킹의 대상이 되고 있다.

넷째, 정부의 역할과 기업의 성장도 농업발전의 유발 요인이라 할 수 있다. 네덜란드 산업은 유럽에서 가장 개발된 체제를 가지고

1) 이 말은 과거 영국이 네덜란드와 식민지 쟁탈전을 벌이면서 네덜란드인들이 인색하다고 비하한 데서 나온 말이다. 유럽에서도 네덜란드인들의 검소한 생활은 정평이 나 있다.

있다. 네덜란드 농업 정책은 수입장벽 · 가격보조 같은 직접지원 조치보다 연구개발 · 기술과 정보서비스 제공 등 간접지원에 치중하고 있다. 기업의 발달은 농업성장의 밑거름이 되고 있다. 유럽의 관문인 로테르담은 세계에서 콘테이너 수송량이 가장 많은 항구이고 운송산업과 보험산업이 발달되었다. 이와 같은 다른 산업의 성장은 농산물 유통 및 무역활동에 기여하고 있다.

농업관련기업 성장도 농업발전과 보조를 같이 한다. 친환경농업에 필수적인 생물농약도 개발 선두에 서 있다. 우리나라에서도 천적을 이용하여 해충을 죽이는 약제를 수입하고 있다.

표 3 • 10대 농업수지 흑자국과 적자국

순위	흑자국(흑자액)	적자국(적자액)
1	브라질(236억불)	일본(396)
2	화란(191)	중국(209)
3	호주(164)	영국(202)
4	아르헨티나(150)	독일(116)
5	프랑스(120)	러시아(102)
6	뉴질랜드(82)	한국(85)
7	태국(81)	이태리(72)
8	덴마크(61)	사우디(58)
9	캐나다(54)	알제리(40)
10	말레이(51)	멕시코(36)

출처 : FAO, statistical year book(2006)

인접 국가 농업의 시사점 03

인접 국가인 일본과 중국의 농업은 우리나라 농업에 큰 영향을 미치고 있다. 일본은 우리 농업과 유사한 구조적 특성과 농업환경을 가지고 있으면서 앞서가고 있기 때문에 우리가 일본의 정책과 기술을 받아들이는 경우가 많았다. 또한 우리나라의 가장 큰 농산물 수출 시장이 되고 있다.

중국은 값싼 농산물을 무기로 우리 시장과 식탁을 점유해 가고 있다. 쌀을 비롯하여 마늘 · 고추 · 참깨 등과 같은 양념류와 김치에 이르기까지 광범위하게 무차별적으로 수입되고 있어 우리 농가의 피해가 크다.

한중일 삼국 간의 상호관계도 밀접하다. 농산물 분야에서 우리나라는 중국으로부터 수입하는 규모가 늘어나고 대일수출규모도 증가하고 있다. 중국의 대일수출도 늘어나고 있어 일본시장에서 한중 간 경쟁이 격화되고 있다.

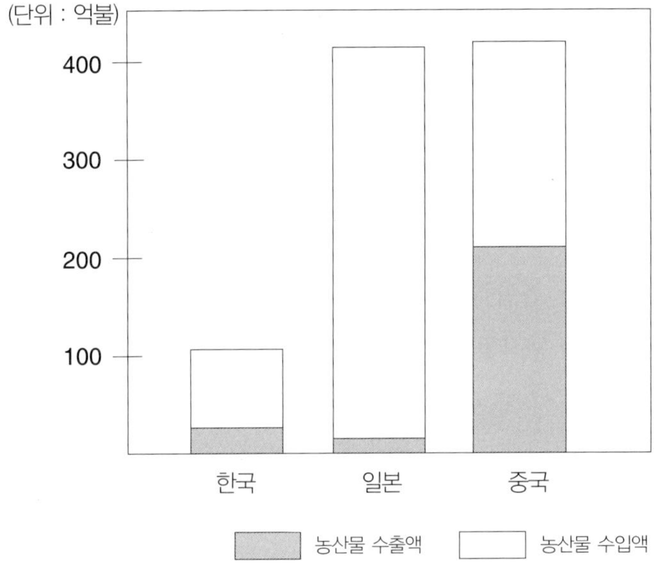

표 4 • 한 · 중 · 일의 농산물 무역규모와 무역수지

(단위 : 억불)

	한국	일본	중국
수출액	21	19	208
수입액	106	415	419
무역규모	127	434	637
무역수지	△85°	△396	△217

출처: FAO, statistical Year book(2006)

■■■ 중국농업의 시사점

중국은 농산물 수출액이 수입액에 조금 못 미치는 제4유형에 속한다. 농업의 산업비중이 15% 수준인데 반해 인구비중은 50%에 달해 농업생산성은 낮다. 중국은 경지면적은 세계의 7%를 차지하지만 인구는 21%여서 구조적으로 농산물 수입의존도는 높아질 수밖에 없다.

특히, 노동 집약형 농산물인 채소 · 과일 · 축산은 경쟁력이 높고, 토지 집약형 농산물인 밀 · 옥수수 · 두류 등은 낮은 편이다. 노동집약형 농업은 수출 위주, 토지집약형 농업은 내수 중심으로 개편되고 있다.

중국 농업은 ① 급속한 경제성장, ② 도시화 급진전, ③ 시장기능 강화, ④ 무역자유화 등에 따라 달라지고 있다.

연간 10% 내외의 높은 경제성장률과 소득증가로 인해 고급 농산물의 소비가 늘어날 것이다. 도시화의 급진전도 소비 고급화와 서구화로의 소비패턴의 변화를 가져올 것이다. 중국의 WTO 가입

표 5 • 한국의 대중국 농산물 무역(2007)

(단위 : 백만 불)

	국가 전체	농산물	주요 품목
수출	81.985	257	당면, 면류, 화훼, 과자
수입	63.028	2.375	쌀, 고추, 마늘, 김치
무역수지	18.957	△-2.118	

자료 : 농림부, 농림업주요통계(2008)

과 ASEAN과의 자유무역협정체결은 수입관세 인하, 수출 보조금 감축 등 무역자유화로 시장 접근이 쉬워질 것이다.

이러한 변화는 중국 농산물에 국내시장을 잠식당해온 우리나라에게는 고급농산물과 가공품 중심의 잠재적인 수출국으로 볼 수 있다. 중국은 미국 다음으로 한국에 농산물을 많이 수출하는 나라이고, 일본 · 미국에 이어 세 번째로 한국 농산물을 많이 수입하는 나라다.

일본 농업의 시사점

일본은 우리나라처럼 미작중심의 소농경영체제를 가지고 있으나 발전수준은 우리보다 앞선 제2유형에 속한 나라다.

산업 및 고용구조를 보면 농업이 차지하는 비중이 2%와 4% 수준이다. 식량수급상황은 쌀만은 지급수준을 넘고 있으나, 전체 곡물 자급률은 28%에 지나지 않는다.

농업 구조면에서 볼 때도 호당 경지면적은 1.6 ha로서 영세소농

표 6 • 한국의 대일본 농산물 무역(2007)

(단위 : 백만 불)

	국가 전체	농산물	주요 품목
수출	26.370	561	신선채소, 김치
수입	56.250	201	채소종자, 로얄제리
무역수지	△-29.880	360	

자료 : 농림부, 농림업주요통계(2008)

구조를 가지고 있다. 농가소득은 주로 농업 이외의 소득과 이전소득에 의존하고 있다. 농외소득이 총소득의 60%를 차지하고 있으며, 이전소득은 30%, 농업소득은 10% 수준에 불과하다.

일본의 인구는 세계 전체의 2%를 차지하고 있으나 세계 농산물 무역액의 10%를 일본이 수입하고 있다.

일본 농업은 ① 농가인구의 감소와 노령화, ② 경작 포기로 인한 유휴농지의 증가, ③ 농촌의 활력 침체 등의 문제를 안고 있다. 일본의 농업정책도 ① 소비자 부담형에서 재정 부담형으로 ② 가격지지에서 소득지지로 ③ 시장개입에서 시장중립적으로 ④ 소농보호에서 공공재[2] 보호로 전환되고 있다.

농산물 수입이 세계 최고인 미국 다음이고 우리나라 농산물 수출의 1위국인 일본의 국내 생산기반이 위축되고 있는 점은 우리나라 농산물의 대일 수출기회를 제공해 주고 있다.

일본은 우리가 거울로 삼아야 할 벤치마킹의 대상이기도 하고 따라해서는 안 될 반면 교사의 대상이기도 하다.

2) 공공재는 모든 사람이 공동으로 소비할 수 있는 재화나 서비스를 말한다. 공공재는 비경합성과 불배제성을 갖는다. 비경합성은 특정인이 혜택을 누린다고 다른 사람의 기회가 줄어드는 것이 아니라는 뜻이다. 불배제성은 대가를 지불하지 않았다 해서 혜택을 못 받는 것이 아니라는 의미다.

PART II

농업위기와 대응체제

사람이 있어야 일을 관리하고,
돈이 있어야 일을 수행하며,
규범이 있어야 일을 잘 처리한다.

후진타오(胡錦濤)

농업변화의 유발요인 01

농업은 관성적인 성격을 가진다. 비교적 변화가 적고 느리다. 진보든 퇴보든, 팽창이든 위축이든, 빠르든 느리든 변화의 전기가 있어야 한다.

농업분야에 변화를 일으키는 요인으로 ① 「위기발생」, ② 「정치적 계기」, ③ 「기술혁신」, 그리고 ④ 「외부효과」의 네 가지로 나눌 수 있다.

위기 발생 유형

위기가 기회라는 말이 있듯이 위기가 닥쳐야 농업의 변화를 가져온 것이 역사적 사실이다. 우리나라의 농업변모와 관계가 깊은 위기 또는 계기는 여섯 가지로 요약할 수 있다.

① 홍수, 가뭄, 폭설, 냉해 같은 자연재해
② UR, DDA, FTA 같은 시장개방협상
③ 농가소득 정체와 농가 부채 누증
④ 식량부족 위험 또는 과잉재고 부담
⑤ 농산물 가격 폭락
⑥ 구제역, 돈콜레라, 조류독감 같은 전염성 가축질병

정치적 계기

농업분야는 정치권의 영향을 많이 받는다. 농가부채 문제와 같은 농촌의 누적된 문제가 선거쟁점으로 부각되는 경우가 대부분이다. 대통령 선거와 총선거가 농업문제의 돌파구를 마련하는 계기가 되기도 한다. 특히, 대통령 선거가 끝나고 신정부가 들어설 경우 농업 정책의 전환기가 된다. 최근에 있었던 사례를 예로 들면,

① 1992년 대통령선거에서는 UR 쌀 개방 문제가 쟁점이 되었고, 문민정부가 들어서자 쌀 개방조치 이후의 「농어촌발전특별대책」이 추진되었다.
② 1998년 국민의 정부가 들어서자 농업관련 기관의 통폐합 및 구조조정과 농산물 유통개혁 등이 집중적으로 추진되었다.
③ 2003년 참여정부가 등장한 후 농업 · 농촌 종합대책과 119조 원의 투자계획이 수립된다.

■■■ 기술혁신

농업에 변화를 일으키는 요소는 대부분 위기발생이지만 농업기술 혁신도 농업 변화의 원동력이 된다. 기술혁신은 새로운 품종개발, 새로운 자재도입, 새로운 생산 · 유통 · 가공기술에 걸쳐서 영향을 미친다. 우리나라에서의 기술혁신 사례는 세 가지를 들 수 있다.

① 1970년대 초 다수확 신품종벼인 통일벼 개발
② 1980년대부터 본격화한 경운, 이앙, 수확 작업의 기계화
③ 1990년대부터 확산된 그린하우스 장치를 활용한 계절 없는 생산

■■■ 외부효과

농업의 변신동기는 외부경제의 충격과 영향도 크다. 종자 · 비료 · 농약 · 농기계 제조업과 같은 농업연관산업의 발달은 농업의 발전과 밀접한 관계가 있다. 농업과 직접 관련이 없는 분야도 눈에 보이지 않게 농업의 변화를 촉발시킬 수 있다. 소비자의 취향이나 시장기능도 농업을 변하게 한다. 최근에는 김치냉장고와 택배회사의 역할도 커지고 있다. 우리나라 농업의 전기를 가져온 두드러진 외부효과를 다섯 가지로 정리해 본다.

① 고속도로 · 자동차산업 등 운송 수단의 발달
② 휴대전화, 컴퓨터 및 인터넷 등 정보통신수단의 활용

③ 도매시장 · 할인마트 등 시장 확대와 시장접근성의 용이

④ 소득수준향상과 도시화로 인한 식품 소비구조의 변화

⑤ 농산물 생산과 판매 · 가공 · 저장 등 농업 연관산업의 발전

세계화와 농업위기

02

■■■ 지구촌 위기

글로벌화가 진전되면서 새로운 위험들이 나타나기 시작하였다. 이러한 위험들은 한 국가에 국한되지 않고 세계적으로 전파되어 세계적인 위기로 진행되고 있다.

① 지구환경위기

화석 연료의 사용이 급증함에 따라 온실가스 배출량이 점점 늘어나 지구온난화가 문제가 되고 있다. 이상기후로 인한 재난의 빈발, 기온상승으로 인한 농업생태계 교란과 해수면 상승으로 인한 침수 등 환경재앙이 새로운 농업위기로 나타나고 있는 것이다.

② 자원고갈위기

석유가격의 급등으로 에너지난을 겪게 되었다. 석유매장량 고갈과 대체에너지원인 태양력, 풍력, 조력, 바이오메스 개발문제에 관심이 제고 되고 있다. 석유 가격의 폭등은 생산가의 상승으로 이어지고 수요감소를 초래한다.

③ 식량자급위기

식량생산국인 호주의 흉작, 미국의 옥수수를 이용한 연료개발, 중국의 곡물수요 증가 및 투기 등의 요인으로 세계곡물가격의 상승과 곡물수출국의 수출금지조치로 아프리카와 아시아 일부 국가에서는 폭동과 약탈을 유발하였다.

④ 식품안전위기

식품의 중금속 오염, 발암물질 함유, 항생제와 호르몬제 잔유, 식중독균과 인수공통질병의 감염 등 빈번한 식품위생 문제가 제기되고 있다. 특히 글로벌화에 따른 국제교류와 무역확대는 식품안전성에 대한 불안을 키우고 있다.

⑤ 악성질병위기

광우병, 조류독감, 돼지독감 등 짐승과 사람 간 전염이 가능한 인수공통전염병이 발생하면 축산농가는 큰 타격을 받게 된다. 대표적인 것이 광우병(BSE: Bovine Spongiform Encephalopathy), 조류독감(Avian Influenza, Bird Flu), 돼지독감(Swine Flu)이다. 독감바이러스는 쉽게 변이가 일어나 새로운 변종이 생기기 때문에 치료가 어렵다.

바이러스 외부에 붙어 있는 HA 15종과 NA 9종이 조합하여 135종이 될 수 있기 때문이다.

농업위기와 정책대응 03

농업위기 조짐이 있거나 실제로 현실화될 때 정책대응 방식은 대체로 세 가지의 특징이 있다.

첫째, 사전적 예방조치보다 사후적 수습에 치중하는 경향이 있다.
둘째, 항구적인 대책이라기보다 임시방편적인 조치들이 많다.
셋째, 본질적인 정책혁신이 아니고 지엽적이고 보완적인 정책수정에 그치는 경우가 많다.

정책대응 절차도 위기발생 → 여론 악화 → 농업인 시위 → 정부 · 정치권의 대응이라는 표준화된 과정을 밟는다. 최선의 방법은 사전 예방 → 위기 발생 → 피해 최소화 또는 위기 발생 → 신속대처/근본대책이 될 것이다. 최악의 방식은 위기 발생 → 늑장대처/미봉대책 → 여론 악화 → 추가대책 → 여론악화 · 집단반발 → 추가대응이 되풀이되는 경우다.

이와 같은 대응과정이 공식화되어 있기 때문에 이를 악용하는 사례도 있다. "우는 아이에게 젖준다"는 식으로 농업문제가 생기면 집단시위부터 먼저 해놓고 보는 경우가 있다. 이러한 연유로 논밭이 아니라 거리에서 농사짓는다는 소리가 나온 것이다.

반면에 위기에 대처하는 정부차원의 자세가 소극적이고 미온적일 경우 정치권의 개입을 초래하고 정치적 쟁점으로 비화되는 사례가 많다. 호미로 막을 수 있는 것을 가래로도 못 막는 사태로 악화시키는 일은 없어져야 할 것이다.

다섯 가지 위기 관리 능력을 향상시키는 노력이 필요하다.

① 위기 예고 기능 강화

② 위기 예방 사전 조치

③ 응급복구와 신속 수습

④ 위기 상응 수단 동원

⑤ 항구적이고 근본적인 문제 해결

농업정책의 대응사례

04

농업위기의 발생에 따라 농업정책이 수정되어 왔다. 농업위기의 발생요인으로 제시한 여섯 가지 유형별로 정책변화의 사례를 정리해 보자.

자연재해 발생

우리나라는 홍수 · 가뭄 · 냉해 · 설해 등 자연재해가 거의 매년 되풀이되어 농작물 피해가 막심하다. 이에 따라 긴급복구작업과 긴급지원대책을 추진해오고 있으나 최소한의 생계유지와 긴급피해 복구비용만 지원된다.

재해가 클 경우 피해를 입은 농가는 재기가 힘든 것이 사실이다. 지금까지 수차례 지원대상 농가와 지원대상 시설의 범위를 확대하고 지원단가를 인상해 왔다. 그러나 재정부담으로 충분한 피해보전을 하는 데는 한계가 있다.

2000년대에 들어와서 「긴급농업재해지원제도」에 더하여 「농작물재해보험제도」가 도입되기에 이르렀다. 농작물재해보험도 대상작목의 한정과 보험료 부담 때문에 초기에는 가입농가가 적었으나 이를 매년 개선해 점차 호전되고 있다.

시장개방 협상

UR협상이 막바지에 있던 1993년, 농업인 시위가 극에 달했고 그 해 말에 타결되었다. 정부에서는 1994년 「농어촌발전종합대책」을 수립하여 추진하게 된다. 이 대책은 시장지향적 농업정책으로의 전환점이 되었다. 이 대책은 농업구조개선을 통하여 경쟁력을 향상시키는 데 주안점을 두었다.

2004년 한 · 칠레 FTA협상 타결에 대비하여 과수산업 경쟁력 제고 방안이 시행된다. WTO/DDA와 쌀 재협상이 진전되고 있는 시점에서 농업 · 농촌 종합대책과 2004년부터 2013년까지 10년간 총 119조원 규모의 투융자계획을 발표하였다.

농가부채 가중

80년대 농가경제의 침체와 농가의 부채규모의 증가로 농가의 부담과 농촌사회의 불안이 심화되었다. 1986년에 농가부채 감면대책이 마련되었다. 그 이후 지금까지 9회에 걸쳐 농가부채 경감을 위한 조치가 있게 된다.

부채를 없애주는 것이 아니고 정책자금 상환연기, 융자금 금리 인하 및 대체 융자금 대출 등을 골격으로 하고 있다.

부채구조, 부채용도 및 상환능력은 건전성을 보이고 있다. 문제는 부채증가 속도가 빠르다는 점, 부채상환 시기가 일시에 도래한다는 점, 부채로 부채를 막는 부채누적적인 농가가 많다는 점이다.

■■■ 쌀 재고 과잉

2000년대 들어 쌀 생산량 증가, MMA[3)]쌀 수입 및 소비량 저조에 기인하여 쌀 재고량이 적정수준을 넘어섰고 대책이 시급하였다. 수확기 벼 매입가격이 떨어지고 쌀 재배농가의 불만과 반발이 컸다. 가격안정을 위해 미곡 종합처리장에서 매입량을 늘리고 지역에 따라 시세보다 높게 매입함으로써 어려움을 겪기도 했다.

논에 타 작물 재배를 허용하고 대북지원으로 과잉재고 해결의 탈출구를 찾고 있다. 양곡정책도 정부가 국회의 동의를 얻어 수매가와 수매량을 정하던 정부수매제를 폐지하고, 공공비축제[4)]를 도입하기에 이른다.

3) 최소시장접근(Minimum Market Access)을 말한다. UR협상에서 특정 품목의 수입이 국내소비량의 3%미만일 경우 의무적으로 3%이상을 낮은 관세로 수입하도록 합의한 제도다.

4) UR협정에서 가격지지형태의 정부수매제는 감축대상으로 분류되고 공공용으로 비축하는 물량에 한하여 정부매입이 허용된다. 이 경우에도 비축용 물량만 시가로 매입하여야 한다. 이것을 공공비축제라 한다.

농산물 가격 폭락

농산물 생산이 몇 개 품목으로 집중되어 있고, 생산성 향상, 수입 증가 및 시장 대응력 미흡으로 점진적으로 농가 판매가격이 낮아지고 수확기 가격 폭락이 되풀이되고 있다. 종전에는 정부수매를 통한 가격지지가 주된 정책 수단이었다. WTO 체제하에서는 채소 · 과일 등 가격진폭이 심한 작물도 가격지지의 제약을 받고 있다.

98년부터 고질적인 가격 폭락을 막기 위하여 유통명령제[5]가 도입된다. 생산자들의 동의를 기초로 생산면적과 산지출하를 조절하는 장치가 제도화된 것이다. 이 제도가 도입된 이후 감귤을 비롯한 농작물의 산지 폐기와 출하량 조절이 자연스럽게 자주 이루어지고 있다.

가축질병 확산

최근 들어 전염성 동물질병이 자주 발생하여 축산농가에 막대한 피해를 주고 있다. 동물에 치명적인 구제역, 돼지 콜레라, 조류독감 등의 발병으로 수출길이 막히고 가축이 대량 살처분(殺處分)되고 있으며 축산물 소비 감소를 초래하고 있다.

전염성 악성 가축질병의 빈번한 발생을 계기로 가축방역체제가 강화되고 가축위생에 관한 관심이 높아지고 있다. 공장식 사육방법, 동물성 사료급식, 항생제 투여남용 등에 대한 비판과 개선의 소리도 높아지고 있다.

---

5) 유통명령(Marketing Orders)은 생산자들이 가격폭락을 막기 위하여 공급량을 조절하는 것이다. 품목별 생산자조직이 주도적 역할을 하며 채소류와 과일류 등에 주로 적용된다. 방법에는 사용자와 시장별로 공급물량을 배분하는 방법, 일시적으로 출하를 금지하는 방법, 등급이나 크기 등에 따라 출하를 규제하는 방법 등이 있다.

효과적인 변화관리

05

변화의 파장이 단기적인가 장기적인가에 따라 대응조치가 달라진다. 단기파장인 경우는 ① 변화시기의 예측, ② 변화발생 전 예방, ③ 변화발생시 응급조치, ④ 변화발생 후 수습조치 등 단계별로 신속한 대응조치가 필요하다. 자연재해, 가격폭락, 가축질병 등 정례적인 단기조치에 있어서는 표준화된 절차와 행동지침이 마련되어 실천되어야 한다. 응급조치 경험이 축적되어 있으나 개선할 여지가 많다.

첫째, 협조체제의 개선이다. 상황실이 개설되어 활동하지만 형식적인 경우가 많고 부처간 · 기관간 · 사람간 유기적인 협조가 더욱 원활해져야 한다.

둘째, 부수업무의 개선이다. 응급조치가 필요한 때 본업보다 보고자료준비, 외부방문 인사접대 등에 많은 시간이 소요된다.

셋째, 결과평가의 개선이다. 사태가 일단락되면 모든 것이 끝난 것처럼 종료하고 만다. 주기적으로 되풀이되는 일이 많으므로 다음에 활용할 수 있도록 평가와 업무승계가 철저하게 이루어져야 한다.

장기 파장인 경우 의도된 방향으로 변화를 유도하기 위한 전략적 대응조치가 요구된다. 먼저 변화 트랜드를 감지하여 정부에서 할 수 있는 분야와 농업인이 해야 할 일을 구분해서 대응방안을 준비해야 한다.

환경변화에 따라 바람직한 방향으로 변화의 흐름을 바꾸기 위해서는 몇 가지 조건이 필요하다. ① 비전제시, ② 동기부여, ③ 주도세력, ④ 실천행동 등이다.

효과적인 변화관리 = 비전(Vision) × 동기(Motivation) × 주도(Initiative) × 실천(Action)

- 비전이 없을 경우 : 혼란
- 동기가 없을 경우 : 지체
- 주도가 없을 경우 : 불안
- 실천이 없을 경우 : 실패

비전 제시가 없을 경우 목표가 없이 변화에 맡긴다. 혼란이 따르게 된다. 동기부여가 없을 경우 의욕을 잃게 되거나 할 의욕이 없다. 변화의 지체로 이어진다.

주도세력은 변화를 선도하는 그룹이다. 주도세력이 형성되지 않으면 불안한 상태가 되고 만다. 실제 행동이 최종적으로 이루어져야 실효가 있다. 실천이 없이는 실패로 끝난다.

비전제시와 동기부여는 정부의 역할이고 주도세력 형성과 실천행동은 농업인의 역할이다. 정부는 우리 농업의 발전을 위한 비전을 제시하고 농업인이 비전에 공감하고 일할 수 있도록 기술 · 투자 · 정보 등 정책지원을 해야 한다. 비전을 향하여 앞서가는 선도그룹이 있어야 하고 모든 농업인의 실천이 뒤따라야 한다.

PART III

예고된 변화의 바람

사자는 정글에서 밤마다 기도하며 잠이 든다.
가장 느린 가젤보다 빨리 달리지 않으면
굶어 죽을 것임을 걱정하면서….
가젤은 정글에서 밤마다 기도하며 잠이 든다.
가장 빠른 사자보다 빨리 달리지 않으면
사자의 밥이 될 것임을 걱정하면서….
사자나 기젤이나 모두 알고 있다.
아침이 되어 태양이 떠오르면
무조건 달려야 한다는 사실을.

아프리카 민담

세계화와 국제기준 01

냉전체제의 특성이 분열과 장벽이라면 세계화 시대의 키워드는 통합과 웹(Web)이라 할 수 있다. 보호장벽이 없어지고 인적 · 물적 자원의 흐름이 자유로워진다는 것을 의미한다. 세계화를 촉진시키는 힘은 기술 · 금융 · 정보의 혁신과 민주화에서 나온다. 이러한 흐름을 원활하게 하는 보편성을 가진 표준화된 국제적 기준(Global Standard)이 형성되고 있다. 대표적인 예가 WTO/DDA 협상이다.

WTO/DDA 협상

DDA 협상은 현재 148개국이 참가하고 있으며 폭넓은 의제를 다루고 있다. DDA 협상에서는 농산물 협상, 서비스 협상, 비농산물 협상, 국제무역규범 협상뿐만 아니라 환경, 투자, 경쟁정책, 정부조달 등의 의제를 포괄적으로 논의하고 있다.

WTO 각료회의는 2001년 11월 카타르 수도 도하에서 도하개발 아젠다(DDA: Doha Development Agenda)의 출범을 공식 선언하고, 각료선언문에서 시장접근의 개선, 국내보조의 감축, 수출보조의 삭감을 협상목표로 제시하였다. 협상 일정도 세부원칙(modality)의 수립시한을 2003년 3월 말, 양허안 제출시한 2003년 말, 2005년 1월 1일까지 마무리하기로 예정되어 있었다.

그러나 협상 일정은 회원국들의 의견 대립으로 지금까지 세부원칙을 내놓지 못하고 2005년 12월 홍콩 각료회의에서 최종 합의할 예정이다. 2004년 8월에는 농업부문 협상의 기본골격(Framework)에 대한 합의가 이루어졌는데, 이것은 앞으로 세부원칙을 마련하는 데 기초가 될 것이다.

협상이 언제, 어떤 방향으로 타결되든 관세율 인하, 관세율 할당량(Tariff Rate Quota : 일정량의 수입까지는 낮은 관세를, 초과하여 수입할 때는 높은 관세를 부과하는 제도) 증량, 국내 보조금 감축 등이 큰 폭으로 이루어질 것이기 때문에 시장개방폭은 크게 확대될 전망이다.

우리나라의 농업정책도 국제기준에 맞게 개혁해야 하는 부담을 안게 된다.

예시 1 다섯 가지 유형의 주유소

세계경제를 다섯 나라의 주유소 형태로 단순화시켜볼 수 있다.

① 일본 주유소 : 휘발유 1갤런당 5달러. 종업원 4명이 제복을 입고 장갑을 끼고 손님을 맞는다. 종신고용계약 아래 일하고 있으며, 손님 차에 기름을 넣어주고 유리창을 닦아주고 친절하게 배웅한다.

② 미국 주유소 : 휘발유 1갤런당 1달러. 주유는 손님이 직접 해야 하고, 창문도 손수 닦아야 한다. 주유소 밖에는 자동차 바퀴 뚜껑을 떼어내려고 4명의 노숙자가 진을 치고 있다.

③ 서유럽 주유소 : 휘발유 1갤런당 5달러. 종업원은 1명뿐, 투덜거리며 기름을 넣는다. 손님이 있든 없든 90분간의 점심시간을 갖고 일주일에 35시간만 일한다.

④ 개도국 주유소 : 휘발유 1갤런당 35센트. 종업원은 사촌형제 간인 15명. 손님이 와도 잡담만 하고 있다. 주유기 6대 중 5대는 고장이고 1대만 작동중이다. 주인이 주유소 이윤을 국외로 빼내가기 때문이다.

⑤ 공산주의국가 주유소 : 휘발유 갤런당 50센트. 종업원 4명. 하지만 이 값에 살 수 있는 기름은 한 방울도 없다. 기름을 몽땅 암시장에서 팔아 먹었기 때문이다. 1명만 앉아있고 3명은 지하경제에서 부업중이다.

세계화 과정에서 모두 미국 주유소로 떼밀려간다. 세계화는 '아메리칸 스타일 자본주의'를 세계표준으로 만들고 있다.

토마스 프리드만의 「렉서스와 올리브나무」

예시 2 WTO/DDA 협상 기본골격 요약

시장접근

1. 고관세 농산물은 고율, 저관세 농산물은 저율인하
2. 민감 품목은 스스로 결정
3. 개도국은 민감품목 등에 신축성 부여

국내보조

1. 무역왜곡 국내 보조는 구간별로 감축
2. 생산제한 직접지불은 농업생산액의 5% 허용
3. 개도국은 감축기간과 감축률 신축적 적용

수출경쟁

1. 수출보조는 합의된 시점까지 철폐
2. 국영무역의 무역왜곡 관행을 폐지
3. 개도국은 이행기간 등 특별 배려

지역화와 경제통합 02

세계화와 함께 90년대 중반부터 지역주의가 새로운 붐을 일으키고 있다. 지역경제협정이 2002년까지 WTO에 가입하고 있는 국가들 간에 총 259개가 체결되어 있다.

이들 대부분이 최근에 등장한 것이다. 자유무역협정을 맺지 않았어도 경제활동의 지역화 현상은 두드러지고 있다. 주요 자유무역지대는 아세안자유무역지대(AFTA), 북미자유무역협정(NAFTA), 남미공동시장(MERCOSUR), 유럽연합(EU) 등이 있다.

■■■ 우리나라의 자유무역 협정

우리나라는 외환위기 이후 경제활성화 수단으로 FTA(Free Trade Agreement)에 적극적인 방향으로 정책을 전환하였다. 2004년에는 칠레와의 FTA가 이행에 들어갔고 2005년에는 싱가포르와 EFTA(유럽자유무역연합 : 노르웨이, 리히텐슈타인, 스위스, 아이슬란드 등 4개국)와도 협상이 타결되었다.

현재 협상이 진행되거나 협상개시된 경우는 한 · 인도, 한 · 태, 한 · 러시아, 한 · MERCOSUR 등이 있다. 미국과는 2007년 태실되었으나 비준 동의를 얻지 못하고 있다.

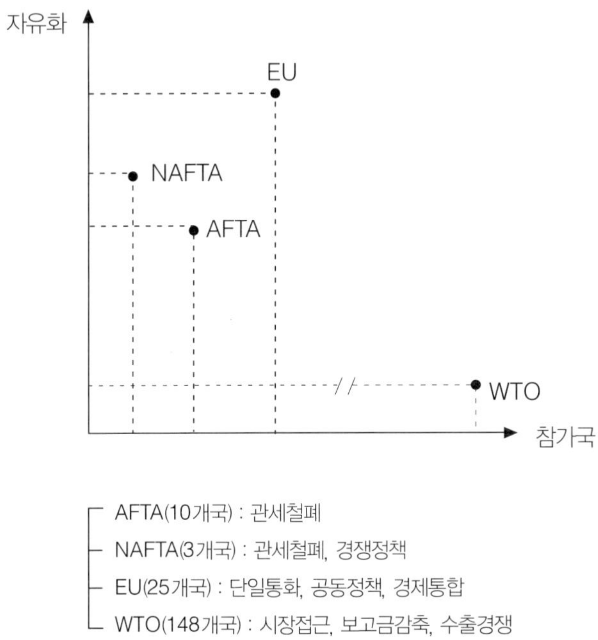

표 7 • 지역협력의 역내 자유화 수준

■■■ 동북아 경제통합

한국 · 중국 · 일본과의 FTA가 논의 단계에 있으며, 한국 · 중국 · 일본을 포함한 동북아지역 경제통합을 위한 논의가 본격적으로 이루어지고 있다. 동북아 3개국과 ASEAN 10개국을 합친 「ASEAN + 3」의 동아시아 경제공동체 구축도 논의되고 있다.

한 · 중 · 일 3국은 주요 교역상대국이고, 자본과 기술 도입선으로 중요한 관계에 있으며, 앞으로 3국 간 협력은 더욱 확대될 것이다. 또한 한 · 중 · 일 3국은 동남아시아시장을 선점하기 위해 경쟁적으로 FTA를 추진하고 있다. 중국은 ASEAN과 이미 FTA체결에 합의했고, 일본도 ASEAN과 FTA타결을 앞두고 있다.

동아시아지역에서 다양한 형태의 FTA가 동시다발적으로 복잡하게 추진되어, 앞으로 지역 협력구조와 범위의 변화가 촉발될 것이다. FTA의 동시다발적 추진은 국제경쟁력이 취약한 농업부분에 큰 영향을 미칠 것으로 전망된다. 민감품목에 대한 특별취급 대책과 국내소득안정 대책이 마련되어야 할 것이다. 한편으로는 지역 협력체제로 농산물 수출의 가능성도 있으므로 시장개척 기회로도 작용할 것이다.

중국의 부상과 다극화

03

중국은 13억 명의 인구, 한반도 면적의 44배인 국토, 풍부한 천연자원을 바탕으로 연평균 10%에 가까운 고성장을 지속해 경제대국으로 부상하고 있다. 중국의 급부상은 동아시아와 세계경제질서에 큰 영향을 미치고 있다. 경제적 영향력뿐만 아니라 국제문제에 대한 정치적 영향력도 커지고 있다. 중국이 정치적 · 경제적으로 강대국으로 부상함에 따라 세계 각국은 새로운 기회로 만들기 위하여 노력하고 있다.

중국경제의 위상

중국의 부상과 함께 동아시아지역은 유럽과 북미지역에 이어 세계 3대 경제축으로 부상하고 있다. 중국은 미국, 일본, 독일, 영국,

프랑스 다음의 세계 제 6위 경제대국이다. 국민 1인당 국내 총생산도 1천 달러 수준을 넘어섰다. 중국의 경제성장은 개방을 통한 수출의 증대에 기인한다. 수출은 독일, 미국, 일본에 이어 세계 제 4대 수출국이고, 수입은 미국, 독일에 이어 세계 제 3대 수입국이다. 대외 무역의존도는 GDP대비 60%를 넘어서고 있다.

중국은 시장경제의 정립, 농촌노동력의 2 · 3차 산업으로의 이동, 대외개방의 확대 등으로 경제성장은 높은 수준을 유지할 것으로 전망되고 있다. 중국은 세계 생산의 중심지로서 수입의 확대를 통하여 동아시아 및 세계 경제성장의 동력이 되고 있다. 중국시장에 대한 수출은 아시아지역은 물론 세계 여러 나라의 성장엔진 역할을 하고 있다.

중국의 급부상은 한국경제에 기회요인인 동시에 위협요인으로 작용할 것이다. 세계의 공장으로서의 중국은 양국산업의 상호 보완관계를 바탕으로 수출기회를 제공할 것이다. 그러나 세계 시장에서 중국과 치열하게 경쟁해야 하는 어두운 면도 있다. 동아시아에서 중국을 중심으로 분업구조의 재편이 빠르게 진전될 것으로 전망되므로 농업분야에서도 시장확대 노력에 함축적인 시사점이 있다. 노동집약적 농산물은 농촌인구의 유출과 임금상승으로 경쟁력이 약화될 가능성이 높고, 소득 향상으로 고급 농산물의 수요가 늘어날 것이다.

큰 시장과 작은 정부

04

경제가 발전하면서 민간부분 능력이 향상되고 시장제도가 성숙되면서 정부의 개입영역이 점차 축소되고 있다. 미국 · 영국을 비롯한 선진국의 경제정책이 신자유주의 노선을 근간으로 하면서 작은 정부가 유행하고 있다.

신자유주의 노선은 시장개방, 규제완화, 정부지출 축소와 조세감면, 민영화 등을 추진하기 때문에 필연적으로 정부의 기능과 영역이 작아질 수밖에 없다. 경제활동의 중심축은 시장으로 옮겨가게 된다.

시장경쟁과 다양성 마케팅

영국의 대처정부는 경제침체가 경직된 사회구조에 있다고 보고 정부기능을 축소하고 시장경제를 촉진하는 자유주의 정책을 추진했다. 레이건 정부 역시 정부의 간섭을 줄이고 경쟁을 중시하는 경제정책을 실시하였다.

정부 주도로 경제개발을 해 왔던 우리나라와 아시아 국가들도 민간주도 · 시장중심의 패러다임으로 전환하고 있다. WTO와 IMF 등의 국제기구들은 정부개입의 축소와 시장경쟁을 확산시키고 있다.

농업부분도 정부의 국경보호와 보조제도를 통하여 개입해 왔으나 점차 시장중심형으로 전환되고 있다. 앞으로도 WTO/DDA와 FTA 등에 의한 개방화와 더불어 시장화가 강화될 전망이다.

마케팅도 생활방식에 따라 시장을 세분화하는 다양성 마케팅(Diversity Marketing)으로 변모될 전망이다. 생활방식은 연령, 성, 소득계층, 교육정도, 거주지역 등을 말하며, 생활방식에 따라 시장을 차별화하는 경향은 앞으로도 계속될 것이다. 소비자의 쇼핑 패턴은 생활방식에 따라 소비능력과 소비성향이 다르다. 소비자의 독특한 기호에 맞춰 시장에 효과적으로 접근하는 일에 주력할 것으로 보인다.

05 저출산과 고령사회

우리나라는 세계에서 가장 빠른 속도로 출산율 감소와 고령화가 진행되고 있다. 여성 한 명당 평균 출생아 수는 2007년 기준으로 1.2명으로 미국의 2.1명, 프랑스의 1.9명보다 낮고 출산율이 가장 낮은 1.3명의 일본보다 낮다.

전체인구 중 65세 이상 인구가 차지하는 비율인 고령화율이 7% 이상인 사회를 고령화 사회(Aging Society), 14%가 넘는 사회를 고령 사회(Aged Society)라고 하는데 우리나라는 고령화 사회에 진입했고 농촌지역은 고령 사회에 접어들고 있다.

우리나라는 2000년에 고령화 사회에 들어섰고, 2018년에는 고령 사회로, 2021년에는 인구감소사회로, 2026년에는 고령화율이 20% 이상인 초고령 사회로 진입할 전망이다. 문제는 고령화 진행 속도가 세계에서 가장 빠르다는 점이다.

■■■ 고령화의 덫

노령인구의 급격한 증가는 젊은 세대의 부양부담을 가중시키고 있다. 자녀의 양육부담은 부모들이 짊어지지만 노인부양 비용은 사회의 부담으로 돌아온다. 고령화로 인한 공적 부담은 연금과 건강보험이다. 노령인구 급증으로 연금지급액과 의료비 부담 증가로 재정은 위기상황을 맞게 될 것이다.

한국사회가 고령화되면서 연금 · 복지 등 사회적 측면 뿐만 아니라 생산 · 고용 · 소비 등 경제적인 측면에서도 문제가 생길 것이다. 생산능력인구가 줄고 경제규모가 축소되고 경제활력이 떨어져 국민생활이 악화될 수 있다.

기업의 평생고용보장도, 가족의 부양기능도 약화된 상황에서 안전망은 자기 자신의 책임이 되고 있다. 고령화 · 저출산 사회를 준비 없이 맞게 될 경우 경제적 · 사회적 부담이 감당할 수 없을 정도로 심각할 수 있다.

농촌인구의 감소와 농촌의 노령화는 더욱 심각한 상황이기 때문에 농업 인력 확보와 농촌 복지 확대 측면에서 고민해야 할 것이다.

첨단 기술과 지식산업

06

지식혁명을 농경사회, 산업사회, 글로벌 산업사회, 정보화 사회에 이어 사회 패러다임을 바꿔 놓을 제5물결이라 한다. 한국이 선진국과의 격차를 줄이기 위해서는 생산요소투입형 경제(Input-driven Economy)에서 지식주도형 경제(Knowledge-driven Economy)로 전환해야 한다.

지식기반경제(Knowledge-based Economy)에서는 토지 · 노동 · 자본과 같은 생산요소가 아니라 지식이 경쟁력을 좌우한다는 것이다. 여기서 지식이란 "일하는 방법을 끊임없이 개선, 개발, 혁신해서 부가가치를 높이는 것"을 의미한다(피터 드러커).

가장 빠르게 성장하는 기업은 자산이 많은 회사가 아니라 아이디어를 파는 회사다. 가장 부유한 나라는 첨단 기술 중심의 산업을 가진 나라다. 더욱 부유해지는 사람들은 지식을 생산하는 사람들이다.

■■■ 디지털과 생명공학

디지털 혁명은 지식의 힘을 잘 보여주고 있다. 디지털 알파벳은 0과 1의 배열만으로 정보를 전달하는 세계의 지배적 언어가 되었다. 통신, 인터넷, 소프트웨어, 금융분야의 변화를 가져왔다. 신흥갑부는 대부분 인터넷 정보통신, 컴퓨터 소프트웨어 전문가들이다. 앞으로도 인터넷, 정보통신과 같은 첨단기술산업이 경제를 주도하고 유망한 직종이 될 것으로 전망된다.

미래에 가장 영향력을 가진 분야의 또 다른 축은 생명공학분야다. 생명공학은 지구상의 모든 생명체를 코드화하고 코드의 미세한 변이로 생명체의 거대한 차이를 만들 수 있게 된 것이다. 생명공학은 질병뿐만 아니라 식량부족 · 환경오염 · 에너지 고갈 등의 문제에 대한 해결책을 제시하게 될 것이다.

곡물, 우유, 달걀은 단순한 식량에서 벗어나 다른 용도로 이용될 것이다. 식물과 동물의 변종을 개발하여 의학, 화학물질, 플라스틱, 연료 등을 만들게 될 것이다. 농장은 식량생산지에 머물러 있지 않을 것이다. 식물은 이미 의약 · 염료 · 페인트 · 기름을 공급하고 있다. 소 · 돼지 · 양 · 닭 등 동물도 건강과 관련 있는 단백질을 생산하도록 유전적으로 변형되었다.

지식경제에서는 디지털 혁명과 바이오 혁명은 기득권층에게는 공포의 대상이다. 지식을 만들어내지 못하고 상품만 만들어 내는 개인, 기업, 국가는 부유해지지 못할 것이다.

농업분야에서도 유전자전쟁이 시작되었다. 소수의 다국적 기업은 유전자조작 농산물에 대한 지적소유권을 무기로 농작물 재배 과정을 장악하고 있다. 몬산토, 듀퐁 같은 생명공학 관련 다국적기업들은 이미 유전자조작 종자를 선점하고 있으며, 이러한 추세는 더욱 심해질 것이다.

임의접속과 생활양식 07

정보통신의 발전은 접속의 공간을 변화시키고 있다. 노트북 컴퓨터, 휴대전화, PDA 등 모바일 기기의 변신은 접속의 임의성을 높여준다. 이러한 유비쿼터스(Ubiquitous: 언제 어디서나 누구하고도 네트워크와 접속이 가능한 일) 혁명은 비즈니스와 라이프 스타일에 큰 영향을 미치고 있는 것이다.

유비쿼터스 혁명

유비쿼터스 시대에는 사회적 이동성이 높아진다. 장소에 대한 유대감이 엷어지고 이민, 여행이 점점 증가한다. 새로운 직업 활동으로 전문직 프리랜서가 등장하게 된다. 기업, 보험, 병원 등의 전문직 프리랜서 의존율이 높아질 것이다.

과거 학연과 지연을 중심으로 형성되어왔던 인간관계는 임의접속을 통하여 더욱 다양한 관계맺기가 이루어진다. 임의접속시대에는 인터넷이나 휴대전화에 의해 비슷한 생각을 가지고 있는 사람들끼리 결집하는 현상이 보편화될 것이다.

원격쇼핑도 대중화될 것이다. 오프라인 매장보다 온라인을 통한 쇼핑이 점차 늘어날 전망이다. 앞으로는 인터넷을 통한 식료품 구매도 대중화될 것으로 전망된다. 지금은 배달 시스템이 미흡하고 품목이 다양하지 못해 일반화되지 못하고 있다.

이동하면서 물건이나 서비스를 구매하는 트랜슈머(Trans + Consumer)들이 늘어날 것이다. 길을 가면서, 지하철역에서, 자동차를 타고 가면서 TV시청, 영화, 게임 등 모바일 서비스를 더욱 즐길 수 있을 것이다. 위성 DMB 서비스가 제공되고 단말기나 휴대전화 성능이 개선될 것이기 때문이다.

이러한 임의접속이 자유롭게 이루어지고 라이프 스타일이 변해갈 경우 농산물 생산 · 유통 · 소비행태도 달라질 것이다. 물론 농촌생활에도 의미 있는 영향을 끼칠 것이다.

PART IV

달라지는 농업의 모습

정부와 국민이 다같이 무식하여 지혜로써 함도 없고,
용단으로써 함도 없고, 위력으로써 함도 없어서
경장(更張)하는 규모를 행하지 아니하고,
일어서는 기력이 부족하여 애호하되 본받지 아니하고,
부러워하되 배우지 아니하고,
두려워하되 깨닫지 아니하면 타인의 노예가 되어
개화라는 지휘에 복종할 따름이니

유길준(兪吉濬)

농업의 통상산업화

01

농업부문의 인구 및 산업 비중은 앞으로도 계속 하향추세를 보일 것이다. 농업성장률이 제조업과 서비스업에 비하여 상대적으로 낮은 수준이 유지되는데 기인한다. 지금까지 추세는 농가인구가 총인구에서 차지하는 비중이 1970년 44.7%에서 2007년에는 6.8%로 줄었다. 농업의 산업구조는 1970년 23.7%였던 것이 2003년 3.5%로 축소되었다.

1. 저성장 체제정착

앞으로 농업부문의 부가가치는 완만하게 늘어날 것으로 전망된다. 농업부문은 각종 재해로 인한 흉작, 국내산 농산물 가격하락, 농가교역조건 악화 등으로 농업성장률이 저성장 기조를 보일 것이다. 농업부문의 저성장기조와 산업비중의 축소 현상은 선진국의 경우도 예외는 아니다.

한편, 국내농업은 곡류를 제외한 대부분의 농작물이 생산의 증가, 수입농산물의 급증 및 소비위축으로 농산물의 공급과잉상태에 있다. 앞으로 농산물의 생산은 경작면적의 감소에도 불구하고 기술진보, 생산기반 정비 등으로 증가할 것이다. 농산물 수입은 낮은 가격과 수입개방 확대로 늘어날 것이다.

농산물 소비는 쌀을 비롯한 과일 및 채소류 소비가 이미 감소 국면으로 돌아섰고, 축산물도 소비가 둔화되고 있다. 인구증가 둔화와 1인당 소비량의 감소로 농산물 수요는 위축현상을 보일 전망이다. 농산물 공급과잉은 농산물 가격하락으로 이어져 농가소득을 악화시킬 것이다.

앞으로 농산물 수급불균형 문제는 농산물 생산을 줄이기보다는 생산 품목을 다양화하고 새로운 수요개발에 힘써야 할 것이다. 농산물의 수요 개발은 농산물을 식품에 한정하지 않고 미용 · 건강 · 약품 · 레저 등과 같은 관련산업과 연관시키는 것이 중요하다.

수입과 수출의 동반상승

국내 농산물의 생산의 한계는 작목이 다양하지 않고, 가격이 비싸다는 점을 지적할 수 있다. 국내에서 생산되는 농산물도 몇 개의 주종 품목외에는 수급불균형을 겼고 있다. 불가피하게 수입에 의존하게된다.

국내소비자의 소비문화의 고급화, 수입 개방화 진전 및 저가품 수요층의 증가로 수입의 질과 양에 변화가 생기게 된다. 국내 고소득층을 중심으로 외국 유명 특산물을 선호하고, 음식업이나 가공업은 외국의 저가품을 원료로 쓰는 종류와 물량이 늘어난다.

국산농산물의 수출도 정부의 노력, 한류 및 국제교류 증진에 따라 증가할 것이다. 이에 따라 농산물 무역패턴도 "소수입, 소수출, 소무역"에서 "다수입, 다수출, 다무역"형태로 변해갈 것이다.

FTA 확대로 무역증가

FTA의 경제적 효과는 무역증가다. 농업강국은 농산물 가격이 저렴하기 때문에 무역장벽이 없어질 경우 국산은 수입산으로 대체되는 현상이 생긴다. 이를 무역창출(trade creation)이라 한다. 다른 한편으로 FTA로 가격이 싸지면 지금까지 관세를 부담하고 수입한 국가의 수입품은 관세혜택을 보고 수입된 물품으로 바뀌게 된다. 이것을 무역전환(trade diversion)이라 한다.

한미FTA로 인한 미국 농산물 순수입 증가액은 2억 3천만 달러라 가정하고, 미국과 비슷한 수준에서 한EU FTA가 체결되어 이행기간이 같다면 미국과 EU로부터 증가액은 연평균 4억 달러에 달할 것이다.

농업의 지식산업화

02

경성경제(硬性經濟 : Hard Economy)에서 연성경제(軟性經濟 : Soft Economy)로 이행해 간다. 농업의 경우도 마찬가지다. 토지 · 노동 · 자본과 같은 고전적 생산요소보다 창의력 · 기술 · 정보 같은 유연한 생산요소가 중시되는 시대가 온 것이다. 산업사회에서는 광활한 농지나 풍부한 천연자원을 가진다는 것은 부의 원천이었고 유리한 점이었다.

그러나 지식기반 사회에서는 기업가 정신, 청의적인 아이디어, 정보교류와 서비스가 부를 창출한다. 아르헨티나는 광대하고 비옥한 농토를, 나이지리아는 석유를 가진 큰 나라들이지만 지금은 예전보다 더 가난해졌다. 천연자원을 기반으로 하고 있는 나라들은 인구가 늘어남에 따라 같은 수준의 소득을 유지하기 위해서는 더 많은 자원을 생산해야 한다.

그러나 아이디어 · 정보 · 지식은 다르다. 많이 개발하여 활용할 수록 가치는 증가하고 부유해진다. 스위스 · 네덜란드 · 싱가포르 같은 나라는 자원이 없어도 국민을 교육시키고 지식을 활용하여 부자나라가 되었다. 미래는 창의와 지력을 사용할 줄 아는 소수의 국가 · 기업 · 개인의 것이 될 것이다.

앞으로 농업도 지식본위의 사회가 될 것이다. 새로운 기술을 알고, 받아들이고, 창조하는 농업인만이 부자가 될 것이다. 강성 농업에서 연성 농업으로 이행됨에 따라 농업분야에는 더욱 창조적이고, 차별화되고, 다양한 영농형태 · 영농방법 · 제품개발 등이 활발해질 것으로 기대된다. 벤처농업에서 그 싹을 찾아볼 수 있다.

농업(Agriculture)은 기업(Business)화하여 농기업(Agaripreneurship)으로 변모할 것이다. 농민은 노동을 중요시하던 전통적인 농민(Conventional Farmer)과 구별되는, 생각을 중요시하는 농기업인(Agripreneur)으로 변신하게 될 것이다.

03 농업경영의 양극화

우리는 한 가지 분명한 믿음을 가지고 있다. 누구나 열심히 일하면 잘 살 수 있다는 믿음이다. 그러나 대부분의 농업인들은 열심히 일하고 있음에도 불구하고 경제적으로 별로 나아지지 않고 있다는 점이다. 소수의 사람들에게 부가 돌아가고 나머지 대다수는 잘못된 방향으로 나가고 있다.

산업간 격차는 물론이고 농업 내부에서도 양극화 현상이 심화되고 있다. 빈익빈 부익부 현상이 심화되고 있는 데는 세 가지 변화가 영향을 미치고 있다. 첫째는 디지털 혁명이고, 둘째는 세계화 혁명이고, 셋째는 시장화 혁명이다. 이러한 변화를 적극적으로 활용하는 사람과 그렇지 못한 사람 간에 격차가 벌어지고 있는 것이다.

앞으로 이러한 변화들이 상호작용하여 소득 · 부 · 기회 등에서 계층간 차이는 더 커질 것이다. 중산층의 공동화 현상과 빈부격차로 인해 농업인들이 소중하게 생각해왔던 공동체의식과 긍정적인 가치들이 위협을 받게 될 것이다.

지식 · 기술 · 창의 등은 미래를 결정할 소중한 자산이다. 승자독식(Winner-take-all)의 원리가 적용되는 경쟁사회에서 창의적인 아이디어 · 기업가정신 · 지식과 기술의 적극적인 활용만이 미래에 대한 투자라고 볼 수 있다.

농민을 세대별로 나누어 보자.

1945년 해방 이전에 출생한 세대를 농민 1세대, 1946년부터 1965년까지의 베이비붐 세대를 농민 2세대, 1966년부터 1985년까지의 산업화 세대를 농민 3세대, 1986년 이후 개방화 세대를 농민 4세대로 구분해 보기로 한다.

앞으로 농업경영은 2, 3세대 중심으로 농업경영의 양극화 추세가 진전되고, 3세대 주축으로 농업경영의 부극화 현상이 뚜렷해질 것이다.

농업기능의 다원화

04

농업의 다원적 기능이란 식량생산 이외에 농업이 기여하고 있는 환경보전, 쾌적한 생활공간 유지 등 다양한 가치를 만들어내는 역할을 말한다. DDA협상에서도 비교역적 기능(NTC : Non Trade Concerns)을 인정하고 있다. 돈으로 환산할 수 없고 무역 대상이 될 수 없는 농업의 고유한 가치를 존중하게 된 것이다.

앞으로 NTC 기능이 농업의 새로운 역할로 중요시될 것이다. 농업의 다원적 기능은 다섯 가지로 분류해 볼 수 있다.

① 식량공급

② 환경보전 : 홍수방지, 토양보전, 수질정화, 대기 정화, 생태계 보전, 유전자원 보전

③ 어메니티 : 자연경관유지, 녹색공간유지, 휴식공간 제공

④ 농업유지 : 토지보전, 지하수함양

⑤ 지역사회유지 : 전통문화보전, 지역의 다양성 유지

최근 농업의 다원적 기능을 경제적 가치로 환산하고 있다. 그러나 물 · 공기 등의 가치를 계량하기가 어렵듯이 농업의 무형 가치를 계측하는 것은 농업의 가치를 폄하시키는 위험한 시도일 수 있다. 어쨌든 앞으로 농업의 다원적 기능을 새롭게 이해하고 이 가치를 더욱 개발하고 보전하는데 관심이 높아질 것이다.

농업의 다원적기능을 평가할 때 논의 공익적 기능과 밭의 공익적 기능을 일곱 가지로 나누어 환산하고 있다.

① 재해예방기능 : 홍수 조절 역할
② 토양보전기능 : 토양 유실 방지 · 비료 성분 유실 방지
③ 대기정화기능 : 이산화탄소 흡수 · 산소 방출
④ 오수정화기능 : 유해물질 정화 · 지하수 오염방지
⑤ 수자원 함양기능 : 지하수 함양 · 저수량 증가
⑥ 휴식공간 제공 : 녹색 경관 · 휴양 장소 제공 · 전통 문화 보존
⑦ 부가가치 제공 : 생태계 보전 · 양분공급 · 지역사회 유지

농업의 건강산업화

05

전반적인 소비침체 속에서도 구매력이 높은 고소득층의 고가 제품 소비는 증가하고 있다. 고소득층을 중심으로 일어난 웰빙 소비 패턴은 새로운 라이프 스타일을 형성하고 있다. 웰빙은 건강과 직결된 식생활 문화에서 먼저 생겨났고 가장 빠르게 나타나고 있다. 소비자 유형별 세분화 현상이 농업부분에서도 늘어날 것이다.

건강과 환경을 중시하는 라이프스타일 변화에 따라 농산물의 고급화 마케팅이 확산될 전망이다. 광우병 · 구제역 · 브루셀라 · 사스 · 조류독감 등 악성질병 문제로 인한 생명 위협이 가시화되면서 안전한 농산물에 대한 수요가 더욱 증대될 것이다.

건강과 환경을 컨셉으로 하는 친환경 농산물과 이를 원료로 한 제품 경쟁도 치열해질 것이다. 유기농산물, 저지방식품, 친환경 · 천연재료를 사용한 식품을 전문적으로 판매하는 유통업체 · 외식업체 등 서비스 사업도 확산되고 있다. 소비자들이 건강과 환경에 민감해지고 안전성과 기능성 식품의 소비가 증가하는 것은 소비문화의 선진화 과정이라 할 수 있다. 앞으로 소비자뿐만 아니라 생산자에게도 건강, 환경, 안전은 농업경영의 키워드로 부각될 것이다.

고투입 농업이 토양 악화, 환경오염, 건강위해와 같은 부작용을 가져옴에 따라 농업의 패러타임이 친환경 농업으로 전환되고 있다. 친환경 농업경영에 있어서는 경영의 전과정 책임 원칙이 중요한 과제가 될 것이다. 관행적인 고투입 농업에서는 농산물의 품질과 안전성에 대한 생산자의 책임이 생산과 판매 단계에 한정되고 있다. 친환경 경영 체제에서는 원료조달, 생산, 판매, 소비, 폐기에 이르기까지의 전과정을 대상으로 환경부담요인과 건강위해요소를 최소화하는 것이 중요해질 것이다.

06 농업의 클러스터화

농업의 지역 구조가 뚜렷해지고 있다. 지역 간 생산성 차이가 커지고 주산지 형성이 진전되고 있다. 지역적 특화는 감귤 · 포도 · 양파 · 마늘 · 사과 · 배 · 단감 등 품목이 상대적으로 높고, 벼 · 콩 · 배추 · 무 · 한우 · 돼지 등 품목이 낮아 전국적으로 분포되고 있다.

앞으로 지역별 · 품목별로 농업생산의 특화현상이 계속되고, 주산지는 농업경영의 전문화와 조직화가 진척될 것이다. 지역 특유의 자연조건과 자원을 이용한 농업이 상대적으로 유리하기 때문이다. 주산지가 형성될 경우, 경영전문화와 조직화를 통해서 시설장비 · 기술축적 · 규모경제를 실현하여 생산 · 유통 · 서비스 혁신을 시도하기가 쉽다.

또한 농업 · 산업 · 연구 · 행정 등 농업관련주체를 연계하여 지역농업의 발전을 추구하는 지역농업 클러스터도 점차 확산되리라고 본다. 네트워킹을 통하여 새로운 활로를 모색하는 노력은 기대해볼 만하다.

국내 농업의 지역별 특화와 함께 외국과의 농산물 무역 구조에서도 낮은 수준의 수평적 · 수직적 분화가 촉진될 것이다. 교역량은 증가할 것이며, 곡물 · 쇠고기는 미국, 노동집약형 저가 농산물은 중국, 열대과일은 아세안국가 등으로 수입선이 고착될 것이다. 고급 농산물은 일본과 중국, 가공품은 미국 · 중국 등이 좋은 수출시장으로 자리잡을 것으로 예상된다. 중국산 원료를 수입하여 가공 · 수출하는 가공 무역도 늘어날 것이다.

특히, 세계화(Globalization)가 전전되면서 경쟁의 주체는 개인이 될 것이다. 농업인도 국제시장을, 외국농민을 대상으로 도전해야 하는 것을 의미한다. 세계화 1단계(1492~1800)에서는 경쟁의 주체는 국가였고, 세계화 2단계(1800~2000)에서는 기업이 경쟁의 주체였다. 그러나 세계화 3단계(2000년 이후)에서는 개인이 경쟁의 주체가 되는 세상이다. 이러한 3단계 구분은 토마스 프리드만이 「세계는 평준화된다」 (The World Is Flat)에서 제시한 것이다.

농업정책의 동조화 07

WTO체제에서 농업정책은 국제표준에 부합해야 한다. 세계농업정책은 점차 보편성이 강화될 것이며, 우리나라의 경우도 국제기준을 따르게 될 것이다. 국제 표준화로 가는 농업 정책은 준수해야 할 기본 틀이 있다.

① 정책의 무차별성과 투명성의 확보
② 생산 · 무역 왜곡적인 보조 정책의 철폐
③ 개방 · 시장 · 경쟁 위주의 정책으로 전환
④ 소비자 부담형에서 재정 부담형으로 전환
⑤ 가격지지에서 소득지지로 정책 수정
⑥ 소농보호에서 공공재 보호로 전환
⑦ 시장접근 · 수출경쟁을 저해하는 정책 폐지 등이다.

DDA협상이 타결되면 시장접근 · 국내보조 · 수출경쟁의 세 부분에 걸쳐 정책수정 의무가 구체화될 것이다.

세계농업정책의 보편성 요건을 충족시키면서 우리나라 농업정책의 특수성도 최대한 반영시켜야 할 것이다. WTO 규범이 허용하는 범주 안에서 농업체질과 경쟁력을 높일 수 있도록 정책 개혁을 추진해야 할 것이다.

정책 개혁은 국제 규범에서 허용하고 있는 제도는 최대한 활용하는 방향으로 정책을 적극적으로 개발하고, 국제규범에서 제한하고 있는 제도는 일몰원칙에 따라 시한까지 최대한 유지해야 할 것이다.

FTA체결국 간에는 경제적 유대관계가 강화되고, 경제교류와 협력도 많아진다. 상품, 서비스 및 투자분야에서 역외국에 비해 유리한 조건이기 때문에 역내국간 거래가 활발해지고, 정책공조도 원활해진다. 앞으로 선진거대경제권과 자유무역체제가 형성되면 자유무역뿐만 아니라 경제통합도 이루게 된다.

경제가 통합되는 과정에서 경제적 약소국의 정책 · 제도 및 규범은 점차 선진거대경제권의 정책 · 제도 및 규범으로 바뀌어 가게 된다. 이를 정책동조화효과라 한다. 글로벌 스탠더드가 미국식 또는 EU식 기준으로 동화되는 것이다.

PART V

한국농업의 미래 비전

아시다시피 농사 허면 쌀농산데,
우리가 이 쌀농사를 짓는 것은,
쌀농사가 우리나라의 오천 년 국업(國業)이구,
우리 민족의 오천 년 민업(民業)이구,
조상님한테 상속받은 가업(家業)이기 때문에
짓고 있는 거다.

이문구(李文求)

한국농업의 강점과 약점

01

우리나라 농업은 태생적 특수성과 지금까지 누적된 관행에 의해 형성된 구조적 특징을 가지고 있다. 여기서 파생된 문제와 정책 및 시장의 실패[6]에서 초래되고 있는 이슈도 많다. 이러한 특성과 문제들을 기초로 우리 농업의 발전 가능성과 발전 잠재력을 찾을 수 있다.

한국농업의 특징

우리나라 농업의 두드러진 특징은 여섯 가지를 들 수 있다.

① 영세소농 경영체제

② 미작중심 영농구조

6) 시장실패(Market Failure)는 시장의 가격기구가 효율적인 결과를 가져오지 못한 경우를 말한다. 시장실패가 일어나는 원인은 불완전 경쟁, 외부성, 공공재가 존재하기 때문이다. 반면에 정부가 개입하여 오히려 문제를 악화시키는 경우를 정부실패(Government Failure)라 한다.

③ 고 투입형 영농관행

④ 개방형 농업

⑤ 고령농 위주 영농

⑥ 이중 구조형 농가

우리 농업은 농가호당 경지면적이 1.5 ha에 불과하고 3 ha 이상 농가는 0.1% 미만이다. 규모화도 이행되는 추세지만 아직도 전형적인 소농구조를 가지고 있다.

원래 쌀 문화권인데다 주곡자급 정책에 기인하여 우리나라 농업은 쌀 농업이 주종을 이루고 있다. 쌀 재배 농가는 전체농가의 75%를 차지하고 있으며, 쌀 농사로부터의 소득은 농업소득의 50% 수준이다. 쌀 생산은 자급수준이다.

고투입 · 고산출 농법을 수행해오고 있다. 화학비료 · 농약 등 투입량 증가를 통한 증산을 추구해 왔다. 친환경농업이 확산되고 있으나, 비료 · 농약 등 투입량은 여전히 높은 수준이다.

정부의 보호와 보조에 크게 의존해 왔던 농업부분은 90년대부터 개방과 시장에 노출되었다. 농산물 수입자유화율은 99%이고 최근 중국농산물을 비롯한 농산물 수입이 늘어나 국내 농업이 크게 위축되고 있다. 쌀만 수입이 제한되고 있으며, 100% 이상의 고관세 품목은 농산물 총품목수 1452개 중 142개이다.

농가 인구나 농업취업인구의 고령화와 감소추세가 가속화되고 있다. 60세 이상 농가인구와 농업취업자 비율이 40%와 50%를 각각 점하고 있다. 농업 경영주체의 취약성 문제가 제기되고 있다.

농가계층 간 경영규모 · 경영능력 · 소득수준의 격차가 커지고 있다. 농가 간 소득격차를 나타내는 지니계수가 0.4에 근접하여 불평등도가 심화되고 있다(Gini계수 : 0이면 완전 평등, 1이면 최고 불평등, 0.4 이상이면 큰 불평등).

한국의 농업문제

우리 농업의 본질적인 농업문제들은 ① 소득문제, ② 구조문제, ③ 공익문제, ④ 효율문제의 네 가지로 대별해볼 수 있다.

소득문제는 농가소득이 타 산업분야 종사자 소득과의 격차가 점점 심화되고 있다는 점, 농가 소득의 성장 동력이 갈수록 취약해지고 있다는 점, 계층간 불평등도가 심화되고 있다는 점, 생산성 증가도 정체수준을 면하지 못하고 있는 점 등을 들 수 있다.

구조문제는 농업인력의 감소와 노령화로 인한 농업경영 주체의 취약, 소규모 경영 구조로 인한 규모경제효과의 반감, 정보격차 · 교육격차 등으로 인한 타 산업과의 성장 능력 저위로 귀착된다.

공익문제는 식량 자급률이 떨어지고 있어 국민 식량공급 기능이 미약한 점, 화학비료 · 합성농약 등의 과투입으로 환경에 악영향을 미친다는 점, 독성 농약잔류 · 악성가축질병으로 인한 인체유해 농산물 생산 가능성 등이 농업 공익성 문제라 하겠다.

효율문제는 정부의 농업부분에 대한 과도한 개입과 정부역할에 대한 농업인의 과대한 기대형성, 정부의 투융자사업 지원과 집행의 비효율성, 지방자치단체와 농업협동조합의 농업지원 체계의 효율성 저하 등으로 요약된다.

한국농업의 SWOT

우리나라 농업의 발전가능성과 잠재력을 S(Strength: 강점), W(Weakness : 약점), O(Opportunity : 기회), T(Threat : 위협)의 관점에서 살펴본다.

강점(S)으로는 고령인구의 퇴진이 진전되고 젊은 경영층이 형성된다는 점이다. 소수이긴 하나 교육수준이 높은 청년 인구의 농업 진입으로 신기술수용 · 규모화 진전 · 창의적인 영농 활동이 기대된다.

신기술 개발의 진전도 강점이다. 생명공학 · 정보기술의 농업이용이 확산되어 품종개발, 품질관리 및 유통개선에 기여할 것으로 보인다.

정부지원 의지가 강하고 국민정서도 농업에 대해 호의적으로 작용하고 있다는 점도 강점이다. 개방화에 대응한 정책마련과 투융자 확대는 농업발전의 바탕이 될 것이다.

약점(W)은 농업경영의 영세성과 경직성을 들 수 있다. 규모화의 속도가 느리고 관행적인 영농행태와 고투입 · 고비용 영농구조도 취약점이다. 농업자재의 투입량이 과한 수준이고 지가 · 임금의 상승으로 부담이 가중되고 있다. 농산물 수입의존도가 높아지고 있어 국민식량 공급이라는 기본적 수요를 충족하지 못한다는 점도 약점이다. 국산 농산물의 시장점유율이 낮아짐에 따라 농업인의 몫이 그만큼 줄어들고 있다.

기회(O)로는 WTO/DDA와 FTA협상이 단계적으로 이행될 경우 해외시장접근 기회가 확대될 것이다. 국경보호장치가 철폐되고 시장 중심으로 더욱 이행될 경우 경쟁력 강화 노력이 신주류 농업경영주체 중심으로 강화될 것이다.

일본농업의 위축과 농산물 가격상승으로 우리나라 농산물의 수입 수요가 높아질 것이다. 중국의 소득 향상과 중산층의 등장은 우리나라에 대한 수출이 내수로 전환되고 국산 고급농산물의 대중국 수출이 증가할 수 있다.

위협(T)요소는 DDA협상과 FTA추진이 급진전될 경우 국내영향은 더욱 커질 것이다. 국내보조 감축과 보호제도의 폐지도 위협요인이 될 것이다. 시장대응체제의 취약도 위협 요인이다. 무분별한 수입 농산물의 유입과 시장변화에 신속하게 대응할 수 있는 기반이 약하다. 동북아지역의 농산물 무역은 분업구조가 이루어지지 않아 수출시장에서 중국과 경합이 예상된다.

표 8 • 한국농업의 SWOT

강점(S)	약점(W)
• 신주류 경영층 형성과 농업인의 영농의지 • 농업기술의 개발과 현장 응용 확대 • 정부의 투자 및 지원 정책과 국민 친농업 정서	• 농업경영의 취약성과 경직성 • 고투입 · 고비용 및 고가격 판매 • 높은 농산물 수입의존 구조 고착
기회(O)	**위협(T)**
• 해외시장 접근기회 확대 • 경쟁력 강화 노력의 실현 • 중국과 일본의 고급 농산물 수요증가	• 보호장치 폐지와 수입 증가 • 수입 시장의 대응 체제 미비 • 수출시장에서의 중국과 경합

예시 3 경영전략과 SWOT 분석기법

1. 경영전략

경영목표를 달성하기 위하여 의사결정을 하고 자원을 배분하는 경영활동을 경영전략(business strategy)이라 한다. 경영전략은 "plan-do-see"과정으로 이루어진다. plan은 전략의 수립, do는 전략의 실천, see는 전략의 평가를 말한다.

2. SWOT

SWOT분석은 경영전략을 합리적으로 수립하기 위하여 도입된 분석방법이다. 분석기법은 외부환경을 기회(opportunity)인지 위협(threat)인지 분석하고, 내부환경을 강점(strength)이냐 약점(weakness)이냐로 구분하는 방법이다.

〈SWOT 분석 메트리스〉

	강점(S)	약점(W)
강점(S)	OS:MAX-MAX (성장전략)	OW:MAX-MIN (보완전력)
위협(T)	TS:MAX-MIN (보완전략)	TW:MIN-MIN (축소전략)

OS : MAX-MAX로서 외부환경이 기회이고 내부환경이 강점이기 때문에 성공가능성이 높다. 사업을 확장할 경우 유리하다.

OW : MAX-MIN으로서 외부환경은 기회, 내부환경은 약점이므로 약점을 보완하는 대책이 필요하다.

TS : MIN-MAX로서 외부환경은 위협, 내부환경은 강점이다. 외부위협에 대한 대책이 필요하다.

TW : MIN-MIN으로 외부환경과 내부환경이 최악인 상태다. 사업을 축소하거나 포기하여야 한다.

한국농업의 존재가치

02

농업이 산업으로서 직업으로서 존재 가치가 있어야 존립을 보장할 수 있고 지원을 요청할 수 있다.

우리나라 농업의 존재가치는 경제적으로는 수익가능성(Profitability)이 높고, 환경적으로는 지속가능성(Sustainability)이 높아야 한다. 사회적으로는 수용가능성(Acceptability)이 높아야 한다.

직업으로서의 조건

농업이 직업으로서 존재할 수 있는 조건은 농업에 종사함으로써 소득을 얻을 수 있어야 한다. 농업을 경영하거나 취업해서 소득을 올리기 위해서는 「수익성」이 좋아야 한다. 농사를 지어 수익을 올리면 생계를 유지하고, 가족을 부양하고, 농업 재생산을 하고, 미래를 준비한다. 이것들이 충분히 이루어질 경우 농업은 직업으로 삼을 것이다.

사회적 측면에서 볼 때 농업이라는 직업종사자에 대한 사회적 시각도 중요하다. 사회 통념상 천한 직업으로 인식된다면 직업을 포기할 것이고 귀한 직장으로 평가될 경우 평생직업으로 삼을 것이다. 그러나 국민경제에서 산업으로서 존재가치를 가지기 위해서는 그 산업 종사자의 수입만 좋다고 되는 것은 아닐 것이다.

산업으로서의 조건

국민이나 전체경제 입장에서는 특정산업의 공공에 대한 기여도가 높을수록 가치가 있다고 할 것이다. 이때 공공기여도를 「공익성」이라 한다면 여기에는 국민에 대한 식량 공급, 식생활 안전의 기여, 고용기회의 창출, 생산재와 소비재에 대한 수요 촉진, 외화획득의 공헌, 국제수지와 물가안정, 환경보존역할, 휴식공간 제공 등 다양한 서비스가 포함될 것이다.

직업으로서의 수익성과 산업으로서의 공익성이 부합될 때 농업의 존재가치를 찾을 수 있을 것이다. 수익성과 공익성이 모두 높다면 건강한 농업(農業), 수익성도 낮고 공익성도 낮다면 곪은 농업(膿業), 수익성은 높으나 공익성이 낮다면 취한 농업(醲業), 수익성은 낮으나 공익성이 크다면 웃기는 농업(弄業)이라 해보자(膿 : 고름, 醲 : 술, 弄 : 조롱, 農 : 농사).

농업의 발전이란 곪은 농업(膿業), 취한 농업(醲業), 웃기는 농업

(弄業)이 건강한 농업(農業)으로 전환하는 과정이라 말할 수 있다. 농업(農業)이 수익성과 공익성을 확대해가는 과정을 바람직한 발전이라고 부를 수 있을 것이다.

수익성과 공익성을 갖출 때 농업은 국가의 필수산업(Must-have Industry)으로 자리잡을 것이다. 또한 수익성과 공익성 확대를 통하여 발전해갈 때 농업은 사양산업에서 성숙산업[7](Mature Industry)으로 탈바꿈할 수 있을 것이다.

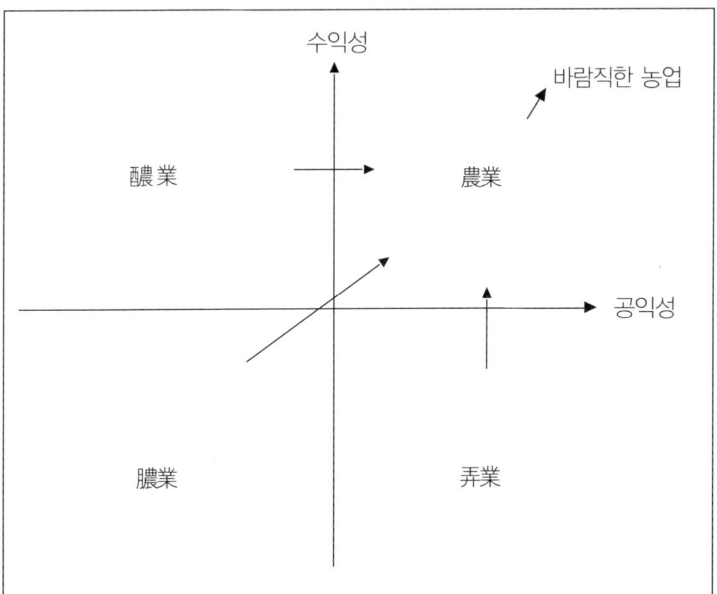

표 9 • 농업의 수익성과 공익성

7) 시장을 앞서가는 기업을 성장기업(Growth Company), 시장을 따라잡는 기업을 성숙기업(Mature Company), 시장에서 뒤처지는 기업을 쇠퇴기업(Declining Company)이라고 한다. 성장률 기준으로 각각 4% 이상, 2~4%, 2% 이하인 산업에서 살아간다.

한국농업의 고정관념 03

우리나라 농업을 둘러싸고 농업인이든 비농업인이든 여러 가지 생각과 믿음을 가지고 있을 것이다. 그 생각이 정확한 것이든 막연한 것이든 농업에 미치는 영향은 클 수 있는 것이다. 잘못된 믿음이 농업의 장래에 부정적인 파장을 준다면 시정되어야 할 것이다. 여기서는 편견이나 잘못된 믿음을 예시해 본다.

국제 경쟁력을 높이기 위해 무조건 규모화해야 한다는 믿음

우리나라 농가호당 평균 경지규모가 2 ha도 못된 형편에서 볼 때 미국의 180 ha는 물론 네덜란드의 12 ha에 비하면 너무나 왜소한 규모다. 규모경제의 효과가 떨어지는 것은 당연하다.

그러나 경지 형태나 영농 형태에 따라 생산성이 달라진다. 평야지에서 쌀 재배를 할 경우는 규모화가 효과적일 것이다. 산간지역에서 기계화가 어려운 고추를 재배한다면 규모화는 비효율적이다. 우리나라에서는 논 농사의 경우도 5 ha 규모의 생산성이 10 ha 이상 경작하는 농가보다 생산성이 높다. 특정지역, 특정작물, 특정농가에 적용되는 믿음이다. 규모화의 한계를 이해할 필요가 있다. 규모화의 환상보다 효율성과 상품성에 관심을 두어야 한다.

식량자급률을 높이기 위해 식량위주로 생산해야 한다는 믿음

국민식량의 안정적 공급이라는 측면에서는 식량농사를 지어야 한다. 그러나 식량자급수준을 높이기 위해 식량위주로 생산할 경우 자원배분의 왜곡과 비효율을 초래할 수도 있다. 개별 농가의 편익이나 소득에 악영향을 줄 수도 있다.

농업도 식량작물이든 기호작물이든 농가의 다양한 선택을 존중해야 한다. 오히려 수입의존적인 품목과 대체 관계에 있는 새로운 분야, 새로운 품목을 개발하는 것이 바람직할지 모른다.

주곡은 자급수준을 유지하고 있으며, 쌀을 제외한 곡물의 자급률이 낮지만 식량 위기[8]로 구매하지 못할 가능성은 높지 않기 때문에 너무 집착할 필요는 없다고 본다.

---

8) 미래식량수급전망에 대하여 수요와 공급이 균형을 이룰 것이라는 낙관론과 공급량이 수요량에 못 미쳐 식량사정이 악화될 것이라는 위기론이 있다. 낙관론은 유엔식량농업기구(FAO), 세계은행, 미국 국제식량정책연구소(IFPRI) 등이 있고, 위기론은 월드워치연구소(Worldwatch Institute)가 대표적이다.
FAO는 2030년까지 전망하면서 농경지, 관개수, 생산기술 등으로 수요량을 충족시킬 수 있는 생산 증대가 가능하다는 것이다. 월드워치연구소는 2030년까지의 전망에서 비관적인 입장을 취하고 있

■■■ 농업을 그만 두는 것을 터부시하는 믿음

이농인구가 많고 노령화로 인력이 부족한 형편을 감안하면 그런 믿음은 일리가 있다. 그러나 농사를 제대로 짓지 못해 생산성과 수익성이 떨어진다면, 앞으로 효율적인 경영을 기대할 수 없다면 전직을 하거나 농업을 포기하는 것이 바람직하다. 이 경우 이웃농가의 경영에 도움이 될 수 있기 때문이다. 자원이란 생산성이 높고 소득이 높은 곳으로 이동하는 것이 당연하다.

■■■ 수입이 국내 농가에 피해만 준다는 믿음

우리나라 농산물과 경합관계에 있거나 대체적인 경우는 값싼 수입품이 많을수록 국내 생산농가의 피해는 커질 것이다. 그러나 보완관계에 있는 경우 국산 농산물 수요증가로 연결돼 오히려 도움이 될 수도 있다. 계절적 보완관계가 있는 키위 수입이 좋은 예다. 가공무역을 위한 원료를 수입할 경우 농가에 중립적인 효과를 가진다.

농산물 수입이나 수입 농산물을 무조건 배척하거나 죄악시하는 것도 문제다.

다. 이 연구소는 이미 발간한 "만원인 지구(Full House)"<1994>, "누가 중국을 먹여 살릴 것인가(Who Will Feed China)"<1995>, "어려운 선택(Tough Choice)"<1996> 등에서 식량위기 가능성을 경고해 왔다. 식량수요는 인구증가와 소득상승에 따라 급격히 늘어나는 반면, 공급은 도시화로 인한 농지와 용수의 부족, 화학비료의 토양 반응 저하, 기술향상의 한계, 환경파괴에 의한 기상이변으로 부족하게 되어 가격이 상승하게 된다는 것이다.

한편 세계곡물시장구조도 공급자 과점적 시장, 곡물메이져의 지배적 시장, 생산량에 비해 소량만 거래되는 시장이어서 생산변화에 민감하게 반응한다는 것이다.

농업문제에 정치논리가 개입되어서는 안 된다는 믿음

농업문제가 꼬이는 이유로 경제논리가 아닌 정치논리로 접근했기 때문이라는 소리를 많이 듣는다. 주로 수매가격이나 농촌 투자와 관련해서 탈정치 논리를 주장한다. 그러나 농업문제는 순수한 경제영역이 아니고 사회문제 · 정치문제와 결부되는 경우가 많다. 절대적인 영역구분이 어렵다. 또 시장논리로 결정했다 하더라도 정치적 합의나 국민적 여론을 바탕으로 정치 논리에 의해 수정될 수 있기 때문이다.

경제적 과오(Economic Mistakes)를 바로 잡을 경우 정치개입이 정당화 된다. 경제적 이익(Economic Profit)보다 정치적 이익(Political Profit)이 클 수가 있다.

농업은 국제경쟁력이 없으므로 반드시 보호받아야 한다는 믿음

개방화가 진전되면 될수록 국내 농업과 개별농가의 타격과 피해가 커질 것이다. 그러나 모든 산업, 모든 농가에 파장이 미치지는 않을 것이다. 품목에 따라서 농가에 따라서는 경쟁력이 있고 경쟁력을 높일 여지가 많다. 오히려 시장 개방이 경쟁력을 높이는 계기가 될 수 있다.

다자간 협상을 통한 시장개방은 우리에게도 수출 기회를 제공하게 된다. 시장개방은 피하기 힘든 흐름이므로 보호장벽의 요구보다는 전략적인 개방조치가 더 절실한 것이다. 개방의 충격을 완화하고 농업 체질을 개선할 수 있는 방향으로 대응해가야 할 것이다.

농업은 장래가 없으므로 유망한 직업이 아니라는 믿음

농업은 새로운 시각으로 보아야 할 때다. 우리나라 농민은 보릿고개와 고리채로 상징되던 절대적 빈곤을 겪었고, 절대적 빈곤에서 벗어났으나 산업 간 소득격차가 커지면서 상대적 빈곤 속에서 살아왔다.

그러나 농업이 연성화되고 첨단 과학기술, 생명과학 기술의 접목이 가능해지면서 새로운 돌파구가 마련되고 있다. 지금 농촌에서 조용한 변화가 일어나고 있다. 독창적인 경영을 통하여 새로운 부를 일구어 나가는 농업인이 많아지고 있다.

직업으로서의 농업은 퇴직 정년이 없고, 조직생활에서 오는 스트레스도 없다. 스스로의 의사결정에 따라 경영을 하고, 상대적으로 경쟁자가 적고, 노력 여하에 따라 경제적 부도 보장되고, 전원 속에서 생활할 수 있다는 장점이 있다.

농업은 보람을 줄 수도 있고, 좌절을 줄 수도 있다. 누구나 농업을 직업으로 선택할 수 있으나, 아무나 농업으로 생계비를 버는 것은 아니다.

한국농업의 좌표설정

04

우리나라 농업 환경은 개방 · 시장 · 경쟁 · 정보 · 지식의 다섯 가지 키워드로 큰 흐름을 말할 수 있다. 이러한 흐름에 맞춰 나갈 수 있는 목표 설정이 중요하다.

■■■ 작고 강한 산업

우리나라 농업의 활동가능 영역, 발전 잠재력과 외부 환경 변화에 따라 지향목표가 결정된다. 우리 농업이 미국식 농업 강대국을 따라가는 데는 분명 한계가 있다. 규모화 할 수가 없다.

그렇다고 일본식 농업을 벤치마킹할 수도 없다. 농업만은 반면교사로 삼아야 할 대상이다. 네덜란드 농업이 눈여겨 볼 모델이다. 「작고 강한 농업」은 우리나라 농업이 지향해야 할 미래 모습으로 설정할 수 있다.

경영 규모는 작지만 자기의 강점을 살리는 농업이 되기 위해서는 농업인의 「수익성」과 「공익성」을 높여야 한다.

■■■ 수익성의 향상

수익성을 높이기 위한 조건은 ① 창조성, ② 효율성, ③ 연계성, ④ 차별성으로 요약된다.

한국농업은 중국 · 미국 등 농산물 수출국과 언제까지 힘겹고 소모적인 경쟁을 계속해야 하는가. 이제는 우리만의 강점을 활용하여 강국으로 발돋움해야 한다.

창조적인 아이디어로 새로운 성장엔진을 찾아야 한다. 농업과 농

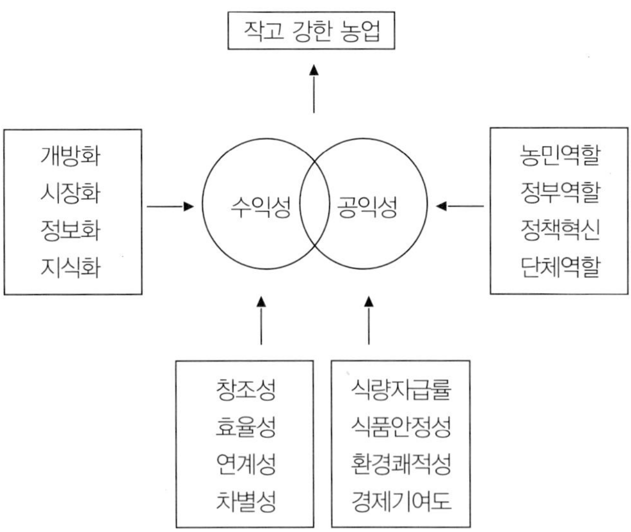

표 10 • 농업의 미래 모습

가를 창조성의 산업과 기업으로 만든다면 농업인은 부자가 될 수 있을 것이다.

갈수록 상품은 많아지고 가격은 싸진다. 생산의 효율성이 높아지기 때문이다. 시장경제에서는 효율성이 낮은 기업 · 산업은 시장에서 사라지게 된다.

연계성은 네트워킹으로 설명할 수 있다. 농업 생산 · 가공 · 판매에 이르기까지 농업연관산업과 제휴할 경우 부가가치를 높일 수 있다. 연관산업뿐만 아니라 타업종 기업 · 다른 농가 · 소비자와의 네트워킹도 가치를 더욱 늘릴 수 있다. 임의접속은 좋은 환경을 제공해 주고 있다.

차별성은 소득차별을 가져온다. 생산기술 · 생산요소 · 판매방법 등 농업의 전과정 · 전분야에서 요구되는 경영 기법이다. 남보다 더 효율적인 방법으로 생산하고 남이 안 하는 분야에 뛰어들고 남과 다른 상품으로 차별화된 방식으로 판매할 경우 높은 소득이 보장될 수 밖에 없다.

■■■ 공익성의 향상

공익성은 ① 식량자급률 향상, ② 식품안전성 확보, ③ 환경쾌적성 제고, ④ 국민경제에의 기여도 등을 들 수 있다.

식량자급률은 식량의 해외의존도가 높은 나라, 식량부족을 경험한 나라일수록 중요한 의미를 갖는다. 예상치 못한 식량의 국제가격 상승, 기아상태에 있는 북한, 식량자급도가 열량 기준으로 45%

수준인 점들을 고려하여 최소한의 자급수준을 유지해야 할 것이다.

식품의 안정성 문제는 소비자의 최대 관심사가 되고 있다. 농산물의 수요창출을 위해서는 소비자로부터 독성농약의 잔류, 악성질병의 감염 등의 공포로부터 해방시켜야 한다. 친환경농업과 농산물 안전관리시스템의 정착이 중요한 과제다.

환경쾌적성은 자연보존, 경관유지, 쾌적한 공간조성 등 어메니티(Amenity)라고 할 수 있다. 농업의 다원적 기능 중 대표적인 가치라 보며, 앞으로의 농업의 가치와 경쟁력은 환경쾌적성에서 나온다 할 것이다.

고용효과, 국제수지, 경제성장, 물가안정 등 거시경제에의 기여도도 농업의 공익성을 측정하는 기준이 될 것이다. 농업의 비중이 줄어들수록 기여도는 떨어지고 있어 이 부분을 간과하는 경우가 많다.

농업이 수익성(Private Profits)과 공익성(Public Profits)을 높임으로써 작고 강한 산업(Small and Strong Industry)으로 발전해야 한다. 이러한 토대가 갖추어질 때 국내외 시장에서 외국농산물과 경쟁할 수 있으며, 국내 다른 산업과의 격차를 줄일 수 있는 것이다.

PART VI

한국농업의 정책 선택

백성은 한 번 흩어지면(百姓一散)
다시 합하기 어렵고(不可復合)
대세는 한 번 기울면(大勢一去)
다시 오기는 어렵다(不可復來).

이항노(李恒老)

지향목표의 설정 01

우리나라 농업의 강점, 농업환경의 변화, 농업의 변모를 바탕으로 미래 농업의 좌표를 설정하였다. 이 지향점을 향한 추진체계를 도식화해 보았다.

표 11 •「썩세스」 농업 추진체계

목표	작고 강한 산업(SS)	S : Small(작고) S : Strong(강하고)
조건	수익성과 공익성(PP)	P : Private Profits(수익성) P : Public profits(공익성)
방법	성공농업(SUCCESS)	S : Soft(유연하고) U : Unique(독창적이고) C : Clustered(연대하고) C : Clean(청정하고) E : Efficent(효율적인) S : Sustainable(지속 가능한) S : Satisfied(고객만족의)

작고 강한(Small & Strong)산업이 되기 위해서는 수익성(Private Profits)과 공익성(Public Profits)이 조화를 이루어야 한다.

수익성과 공익성을 높이기 위한 일곱 가지 방법을 썩세스(SUCCESS)농업으로 정리할 수 있다.

① 창의 · 정보 · 기술 등 지식을 기반으로 하는 연성화(Soft) 농업
② 남을 따라 하고 옛 방식을 답습만 하지 않고 나만의 독특한 방법을 추구하는 차별화(Unique) 농업
③ 관련산업과 제휴하여 농업을 2 · 3차 산업과 결부시키고 소비자와 네트워킹을 구축하여 농업의 영역을 넓혀가는 연대화(Clustered) 농업
④ 환경보전과 생활 및 휴식공간 유지, 자연경관 보호 등 농촌 쾌적성 향상에 기여하는 청정화(Clean) 농업
⑤ 저투입 · 고산출의 생산성 향상을 통한 고소득을 실현하는 효율화(Efficient) 농업
⑥ 농업자원과 자연환경을 해치지 않고 지속적이고 안정적인 농업을 유지할 수 있는 지속 가능한(Sustainable) 농업
⑦ 악성가축 전염병 · 잔류 농약 등으로부터 자유로운 농산물과 건강 · 웰빙 식품 등 소비자의 소비패턴에 맞춰 생산 · 판매하여 고객을 만족시키는(Satisfied) 농업

「썩세스」 농업을 바탕으로 「작고 강한 산업」으로 만들어 궁극적으로 「국제경쟁력 향상」과 「국내 타산업과 균형」을 유지해 나가야 한다.

「썩세스」(SUCCESS) 농업이 성공(Success)하기 위해서는 세 가지 요소가 중요하다고 본다.

① 호응하고 실천하는 농업인 숫자(Number)
② 농업인의 실천하려는 의욕 정도(Ambition)
③ 실천할 수 있도록 이해시키는 교육(Education)이 뒷받침되어야 한다.

이 세 가지 요건은 토마스 프리드만의「세계는 평준화 된다」(The World ls Flat)에서 미국 과학기술계의 위기로 지적한 ① 숫자 차이(Number Gap), ② 야심 차이(Ambition Gap), ③ 교육 차이(Education Gap)를 참고한 것이다.

정부의 역할 조정 02

농업 내외의 환경이 개방 · 시장 · 경쟁 중심으로 변화되고 있는 상황에서 정부의 역할도 새롭게 정립되어야 한다. 지금까지 정부의 역할은 ① 정부 중심형, ② 포괄적 개입, ③ 획일적 지원, ④ 독주형 의사결정, ⑤ 유형적 사업으로 특징지을 수 있다.

앞으로의 정부 역할은 다섯 가지 측면에서 조정되어야 한다.

첫째, 농업의 주체는 농업인이므로 정부는 농업인의 자주적인 의사, 창의적인 아이디어에 의해 농업이 주도될 수 있도록 분위기를

표 12 • 정부역할의 변화

	현 행	미 래
추진주체	정부 중심형	시장 중심형
개입범위	포괄적 개입	선택적 개입
지원대상	획일적 지원	차별적 지원
의사결정	정부독주형	참여확대형
지원형태	유형적 · 물질 중시	무형 · 제도 중시

만들어야 한다. 시장기능이 작동하도록 돕고 시장이 해결하지 못하거나 시장 실패에 대비하는 데 중점을 두어야 한다.

둘째, 정부의 개입범위가 지금까지는 포괄적인 개입형태였으나 앞으로는 선택적으로 개입하는 방향으로 역할조정을 해야 한다. 농업인이 스스로 할 수 있는 부분은 과감하게 손을 떼고 정부 개입이 요구되는 분야에 집중하는 것이 효율적이다.

셋째, 정책대상은 획일적인 취급방식을 차별적인 방식으로 전환

예시 4　B형 기업 · O형 정부가 최적의 조합

새로운 돌파구를 마련하는 업무에는 B형이 리드하고 O형이 뒤를 받치는 형태가 이상적이라고 한다. B형 리더는 관습과 틀에 얽매이지 않는 유연함이 있고, B형 리더가 분위기를 장악한 조직은 창의적인 기운이 넘친다.
B형 조직이 성과를 낼 수 있도록 도와주는 지원조직은 O형이다. B형 조직의 활동을 현실적인 판단력을 가지고 따뜻하게 감싸줄 수 있기 때문이다. B-O형 관계를, 창조자-후원자로 부르기도 한다. 창조적 기업 활동을 때로는 따뜻하게 후원하고, 때로는 열정을 가지고 촉진하는 후원자적 정부가 바로 O형 정부다.

AT커티 · 매일경제 Greative Korea팀, 창조혁명보고서

해야 한다. 모든 농업인을 동질적으로 보고 획일적 기준을 적용할 것이 아니라 농업인의 개별적 능력에 따라 차등 지원하는 방안을 강화해야 할 것이다. 영농형태별 · 경지규모별 · 연령별 · 지역위치별 차이를 인정하고 개인별 기술 · 경영 능력을 고려해야 한다. 사업성패를 좌우하는 것은 의욕 · 교육과 같은 개인적 자질도 영향을 미치기 때문이다.

넷째, 정책결정과정에서 정부가 독주하는 일방적 의사 결정 형태에서 벗어나, 앞으로는 제도적으로 농업인과 이해 관계자의 참여폭을 확대해야 한다. 지방자치단체, 농업인 단체 등과의 수평적 역할분담을 통해 지원체제의 효율성을 높여야 한다.

다섯째, 정부의 지원시책이 물질적인 투자 위주의 유형적 형태였으나, 제도개혁을 통해 규제완화 · 투명성제고 · 지원방식 개선 등 무형적인 부분도 중시함으로써 실질적인 혜택이 돌아가도록 해야 한다.

농업경제를 탈바꿈시키기 위해서는 여섯 가지 아이(Six Is)가 우선되어야 한다.[9] 즉, 기술혁신(Innovations), 자재공급(Inputs), 유인활동(Incentives), 기반조성(Infrastructure), 제도형성(Institution), 사업주도(Initiative) 등이다.

시장지향형 사회에서 정부의 역할은 기술혁신, 유인활동, 제도형성에 우선순위를 두어야 할 것이다..

9) 토마스 토믹(Thomas D. Tomich) 등이 "농업경제 탈바꿈(Transforming Agrarian Ecomomies)"에서 제시하고 있다.

정책수단의 선택 03

「썩세스」 농업을 실현하기 위한 농업수단이 구체적으로 개발되어야 할 것이며, 앞으로 이를 선택 대상으로 삼아야 할 것이다.

유연한 농업(S), 차별화 농업(U), 연대화 농업(C), 청정화 농업(C), 효율화 농업(E), 지속 가능한 농업(S), 고객 만족화 농업(S)으로 분류하여 보겠다.

■■■ 연성화 농업 시스템

창조적 아이디어 · 정보 · 기술 등 지식에 의존하는 농업을 조성하기 위한 정책으로 「창업지원 프로그램」과 「참여확대 프로그램」이 강화되어야 한다.

「창업지원 프로그램」은 첫째, 우수인재를 농업으로 유치하기 위하여 농업전문학교 · 대학졸업자를 대상으로 영농정착 지원체제를 대폭 강화하는 것이다. 현재 추진중인 후계인력 양성제도와 지원을 차별화하여 우수한 인적자원이 농업에 진입하도록 할 필요가 있다.

둘째, 신기술 · 아이디어로 고부가가치를 창출하는 벤처농업에 대한 지원 정책을 개발해야 한다. 고수익 · 고위험에 도전하는 농업인과 농기업은 새로운 상품 · 새로운 시장을 창출하는 것이므로 벤처농업에 대한 교육체계 · 산학협동 · 자금지원 방안이 마련되어야 한다.

「참여확대 프로그램」은 농업정책의 결정과정에서 각계각층의 의견을 수렴 · 교류 · 공감 · 반영하는 절차를 확대해야 한다. 지금도 각종 위원회와 공청회 등을 통하여 참여기회를 부여하고 있으나, 참여방법 · 참여인사 · 참여횟수 등을 다양화하고 확대하는 방향으로 제도화해야 할 것이다. 창의적이고 참신한 인사를 모든 사업계획의 수립 · 평가과정에 참여시키는 방안을 의무화해야 할 것이다.

차별화 농업 시스템

남과 유별하고 옛 것과 차이가 있는 쇄신적이고 독창적인 차별화 농업시스템에는 「기술개발 프로그램」과 「소득안정 프로그램」이 있다.

「기술개발 프로그램」은 첫째, 생명공학기술을 빨리 실용화해야 한다. 품종개발 · 생물농약 등 고품질 · 고소득을 올릴 수 있는 실용기술개발에 중점을 두어야 한다. 연구개발투자를 확대하고 연구기관 간 경쟁과 협조체계를 강화시켜야 한다.

둘째, 수확 이후 선별 · 저장 · 가공 · 운송 · 판매 단계의 기술개발에 역점을 두어야 한다. 농가 소득의 50% 이상이 수확 이후 단계의 서비스에서 결정된다. 지금까지는 생산단계의 기술개발에 집중되어 왔으나 이제는 바꿔야 한다.

「소득안정 프로그램」은 직접지불제도가 대표적이다. 현재 우리나라에서는 논농업직불제, 경영이양직불제, 친환경농업직불제와 쌀소득보전직불제가 시행되고 있다. 농가소득을 지지하는 수단으로 가격지지정책에서 소득 직접지불 정책으로 전환되고 있다. 그러나 경영이양직불제와 친환경농업직불제는 운영규모가 한정되어 있어 이를 확대할 필요가 있다. 논농업직불제와 쌀소득보전직불제는 특정품목에 국한되어 지원효과가 제한적이다.

이를 보완하기 위해서 「산간 · 도서지역직불제」(조건불리지역직불제)와 「경기변동대응소득직불제」의 도입을 검토할 때가 되었다. 「산간 · 도서지역 직불제」는 영농 조건이 불리하고 농외 소득기회가 없는 지역의 농가에 소득보조를 실시하는 것이다. 시행과정에 예상되는 적용지역구획 등 문제들을 최소화하여 도입을 검토해야 할 것이다.

「경기변동대응소득직불제」는 농가단위 소득 감소에 대한 감소소득 보전 방안이 될 수 있다. 예를 들면, 농가소득이 도시근로자 소득대비 75% 이하, 소득증가율이 소비자물가 상승률 이하 및 최근 1~3년 전 소득증가율 이하 등의 조건을 갖출 경우 일정액의 소득보전을 해주는 직불제가 될 것이다. 이 「경기변동대응소득직불제」[10]는 미국과 달리 품목별로 주는 것이 아니고 농가단위로 주는 경우 안정적인 소득안정책이 될 수 있다.

10) 경기변동대응소득지불제(Counter-Cyclical Income Support Payments)는 2002년 미국의 농업법에서 도입된 제도다. 이직불금을 받을 수 있는 작물은 밀, 옥수수, 콩, 보리, 쌀 등이며, 가격이 목표가격보다 떨어질때 소득을 안정시킬 수 있다. 이 제도를 변형하여 우리나라에서 도입할 것을 제안하는 것이다.

연대화 농업시스템

농업관련기업 · 생산자 · 소비자와 종횡의 네트워트를 구축하고 연대하여 농업서비스를 높이는 연대화 농업은 두 가지 프로그램을 예시할 수 있다.

첫째는 「산 · 학 · 관 협조 프로그램」이다. 지금까지 산 · 학 협조 체제는 강조되어 왔으나 형식적으로 운용되어 왔다. 지역별 · 품목별로 실질적으로 과제를 연구 · 협의 · 해결해가는 협의체로 제도화해 갈 필요가 있다.

둘째는 「갈등조정 프로그램」 개발이다. 생산자와 정부 간, 생산자와 소비자 간, 생산자와 관련기업 간, 생산자 간 갈등과 대립이 잦다. 이를 물리적인 힘이나 법적 호소방식으로 해소하는 데는 어려움이 따른다. 점점 갈등과 분쟁이 격화되고 있음을 감안하여 제도적으로 갈등과 대립을 해소해 갈 수 있는 획기적인 방안을 마련해야 한다.

「노사정위원회」나 「국세심판소」 같은 장치를 거울삼아 검토하면 좋을 것이다.

청정화 농업시스템

깨끗한 물 · 공기, 아름다운 경관, 쾌적한 휴식공간을 보존하고 이를 즐기는 어메니티 유지에 기여하는 청정화 농업이 점차 중요해지고 있다. 소득 수준이 높아지고 주5일 근무제가 실시됨으로써 어메니티에 관심이 높아지고 있다. 앞으로 어메니티가 경쟁력이 될 것이다.

청정화 농업은 첫째 농약 · 축분 · 토지사용에 대한 관리체제가 정착되어야 한다. 친환경 농업이 점차 확산되고 있다. 친환경농법은 악취제거 · 위생처리 면에 더욱 신경써야 할 것이다. 토지의 난개발과 도시형 아파트의 난립도 농촌 어메니티의 저해요인이 되고 있다.

둘째, 쾌적성과 도시민 교류를 연결시키는 프로그램을 발전시켜야 할 것이다. 농림부 · 농촌진흥청 · 농협이 어메니티와 관광을 연계시키는 사업을 추진하고 있다. 기관별 다양성을 인정하되, 농촌 어메니티자원 발굴과 이용계획은 상호 협조체제를 유지해야 할 것이다.

효율화 농업시스템

산업에 있어서 효율성은 고투입 · 저산출을 저투입 · 고산출로 전환시키는 가장 중요한 동력이다. 효율화 농업을 위해서는 ① 구조개선 프로그램, ② 금융지원 프로그램에 대한 개선 노력이 있어야 한다.

구조개선 프로그램은 첫째, 경영주의 은퇴 · 이농을 인위적으로 촉진하는 퇴출 프로그램보다는 안정적인 경영 프로그램이 급선무다. 머지않아 대부분의 고령층은 사망 · 노쇠에 의해 농업에서 은퇴할 것이기 때문이다.

첫째, 우리나라에서도 농장개념을 도입하여 농가세대별로 농지를 구획화하여야 한다. 대형농기계 이용과 일관작업을 통하여 효율성을 높일 수 있기 때문이다. 이를 위해서 농지의 교환 · 분합 · 유동화 촉진 프로그램을 개혁해야 한다.

금융지원프로그램은 첫째, 여신 금리를 인하하는 방안을 찾아야 한다. 농업소득 증가율을 상회하는 고금리는 농가의 부채 부담을 가중시킨다. 농협상호금융자금의 이차 보전대책을 찾아야 한다.

둘째, 경영부실 농가나 부채누증 농가에 대한 농가회생프로그램을 도입하여야 한다. 일정기간 유예기간을 두고 회생 또는 파산을 유도한다.

지속화 농업시스템

농업자원을 유지하여 계속적으로 농업이 가능하도록 하는 지속가능한 농업은 농업의 계속성이라는 측면에서 중요하다. 지속 가능한 농업은 ① 농업자원보전 프로그램, ② 친환경농업 프로그램, ③ 위험관리 프로그램이 있다.

농업자원보전 프로그램은 첫째, 농지 · 용수 · 농업자원을 보존하는 것이다. 농지소유가 유연해졌고 지가상승폭이 커 일부지역은 투기대상이 되고 있다. 농지의 농업 외 이용도 늘어나 신규진입 · 규모확대 · 생산비용에 부정적인 영향을 미칠 것이다.

둘째, 농업자원의 재생산이 가능하도록 토양유실 · 용수오염 · 고투입농법 · 자원착취를 방지해야 한다. 이제 자리를 잡은 친환경농업의 확산 프로그램이 개발되어야 할 것이다.

셋째, 위험관리 프로그램이 대폭 강화되어야 한다. 농업재해대책이 긴급구호 차원을 벗어나 최소한의 피해보전이 되도록 지원대상과 지원기준을 상향 조정해야 한다. 재해보험제도도 품목확대 · 지역확대 · 지원기준의 상향조정이 필요하다.

표 13 • 썩세스 농업 추진 프로그램

썩세스 농업	주요 프로그램
1. 연성화 시스템	창업지원 프로그램 참여확대 프로그램
2. 차별화 시스템	소득안정 프로그램 기술개발 프로그램
3. 연대화 시스템	산 · 학 · 관 협조 프로그램 갈등조정 프로그램
4. 청정화 시스템	오염관리 프로그램 쾌적성 유지 프로그램
5. 효율화 시스템	구조개선 프로그램 금융지원 프로그램
6. 지속화 시스템	자원보전 프로그램 친환경농업 프로그램 위험관리 프로그램
7. 만족화 시스템	식품안정성 관리 프로그램 산지 유통 활성화 프로그램

만족화 농업시스템

건강 · 환경 · 웰빙을 추구하는 소비자가 늘어나고 소비자 취향도 지역 · 직업 · 연령 · 성 · 계층별로 차별화 현상이 두드러지고 있다. 소비자만족형 농업시스템은 ① 식품관리 프로그램, ② 산지유통 프로그램이 작동해야 한다.

식품관리 프로그램은 농산물의 생산단계에서 식탁에 오르기까지 안전성과 품질관리를 체계적으로 할 수 있도록 품질관리 기관의 기능을 강화해야 한다. 생산과정과 수확 후 과정까지 추적관리할 수 있는 이력제(Traceability)도 조기에 실용화될 수 있도록 해야 한다.

산지유통 프로그램은 산지수급조절기능도 중요하지만, 소비자의 소비패턴에 맞는 농산물을 선별 · 포장 · 브랜드화하여 출하하는 서비스 기능도 중요하다. 수집한 농산물을 등급별로 차별화하여 가공공장 · 대형매장 · 소비자에게 운송하는 체계를 갖추어야 할 것이다. 이를 위해 산지유통시설의 규모화 · 자동화 · 정보화와 효율적인 운용시스템이 갖추어져야 한다.

정책선택의 기준 04

농업 투융자 사업과 관련하여 농업인의 도덕적 해이(Moral Hazard) 문제가 제기된다. 동시에 농업정책의 도덕성(Morality) 문제도 거론된다. 정책의 도덕성 문제에 관한 논의의 핵심은 ① 그 많은 돈을 투자했는데 농업이 나아진 것이 뭐가 있냐, ② 투자하여 효과가 없지 않느냐, ③ 돈을 흥청망청 지원하다 보니 눈먼 돈(Easy Money)이 되어 농가 부채만 늘렸고 농민의 도덕적 해이만 가져왔지 않았느냐 등으로 압축할 수 있을 것이다.

이에 대해서는 성과가 있었음에도 일부 측면만 보고 비판의 날을 세우는 면도 있다. 그러나 농업정책에 대한 다양한 소리를 듣고 반성의 기회로 삼아야 한다. 이제는 한번 농업 정책 전체를 되돌아 보고 재평가해 볼 때다.

농업정책은 단위사업 별로 보면 대략 200여 가지가 된다. 이들 사업을 정책적 효과를 기준으로 일률적으로 평가하기에는 어려운 작업이 될 것이다. 그러나 최소한 세 가지 관점에서 재음미해볼 필요가 있다.

① 농업의 경쟁력을 잠식시키고 시장경쟁을 제한하는 반 시장적인 정책인가 여부
② 농민의 수익성 향상에 도움이 안 되는 반 농민적인 정책인가 여부
③ 농업이 공익에 전혀 기여하지 못하는 반 공익적 정책인가 여부

이 반시장(反市場), 반농민(反農民), 반공익(反公益)이란 시각에서 농업정책을 다시 평가하여 문제가 있다면 청산해야 할 것이다.

농업정책 담당자들 중에는 ① 농민을 위하는 선의, ② 농민의 소득을 올리는 조치, ③ 농민에게 혜택이 돌아가는 시혜 행위면 다 좋다는 믿음을 가진 경우가 많다.

그러나 이러한 감상적 요소는 제거되어야 한다. 농업정책은 현실이다. 이 정책이 실제로 어떻게 작용하고, 누가 혜택을 보고, 누가 비용을 지불하는가를 따져야 한다. 먼저, 상호간 모순되는 정책, 제대로 작동하지 않는 정책, 생산비를 상승시키는 정책, 시행 초기에는 도움이 되나 장기적으로 경쟁력 약화를 초래하는 정책 등이 정비 대상이 되어야 할 것이다.

농업정책의 개혁 05

비판의 소리

경제적 관점에서 농업 정책에 대한 비판이 많다. 비판의 요지는 ① 시장의 방해, ② 소비자의 약탈, ③ 정부 능력의 한계 증명이라는 세 가지로 간추릴 수 있다. 또 지금까지 합리적이고, 일관성 있고, 존경할 만한 농업정책이 만들어진 적이 없다는 소리도 귀담아 들을 만하다.

특히, 시장왜곡적인 정책은 농림부와 정치권에서 양산해왔다는 주장이 많다.

첫째, 지금까지 농업정책부서와 국회에서는 능률은 별로 중요시하지 않았다는 것이다. 농업정책의 능률과 생산성을 무시하고 선거구민의 표와 직결될 경우 그 정책은 지지를 받는다는 것이다.

둘째, 농가소득이 비농가 소득과 같아야 한다는 논리는 비도덕적이라는 것이다. 소득은 개인과 집단의 의사와 능력에 따라 달라지는 것이며, 소득에 불만이 있으면 직업을 바꾸면 된다는 것이다.

셋째, 농민들이 생산비 보장을 요구하는 것도 불합리하다는 것이다. 농민은 생산만 해놓고 이윤을 남겨야 한다는 것은 다른 산업에서는 있을 수 없으며, 다른 산업에서는 비용을 낮추거나 퇴출된다는 것이다.

■■■ 개혁과제

시대가 변함에 따라 농업정책이 본래의 의도와는 달리 도리어 농업의 지속적 발전을 저해하는 요인으로 작용하는 경우가 많다. 이러한 함정에서 탈출하고 족쇄에서 해방될 때 새로운 도약을 기대할 수 있는 것이다.

첫째, 정부개입과 정부의존이 심화되고 있다. 과도한 정부개입은 경쟁을 약화시키고 시장 기능의 역동성을 소멸시킨다. 시장의 기능을 왜곡하는 정책과 제도는 개혁해야 한다. 지금까지 농업인은 시장의 신호에 반응한 것이 아니라 정부를 상대로 농업을 해온 사실을 부인하기 어렵다. 시장경제체제에서는 경쟁원리에 따라 확장, 축소 및 퇴출이 결정된다. 정부는 퇴출된 농업인에 대한 지원과 시장실패에 대한 보정을 해야 한다.

둘째, 평등주의 함정에 빠져 있다. 잘하는 농업인과 잘못하는 농업인을 구별하지 않고 모든 사람에게 골고루 나누어 주는 정책은 발전의 동기가 되지 못한다. 열심히 노력하여 성공하려는 사람에게 더 많은 혜택이 돌아가도록 하는 차별화원리가 발전을 가져온다. 정책지원 대상에서 일정규모이상의 농지를 기준으로 대농을 제외하고 소농위주로 선정하는 사례는 경쟁원리에 역행하는 것이다.

셋째, 폐쇄적인 진입장벽을 치고 있다. 외부에서 끌어들이고 이를 적극 활용하는 정책으로 전환해야 한다. 국내 도시 및 외국 기업으로부터 사람, 자본 및 자원을 받아들이는 개방형 농정이 필요하다. 농지소유 및 이용제도와 같이 농업의 진입을 막고 농업에만 허용되는 보호막은 농업의 창조적 파괴를 봉쇄하는 것이다. 농업인을 보호하기 위해 마련된 제도가 농업의 규모화와 자산증식 등 농업인에게 족쇄로 작용하는 제도와 규제는 완화해야 한다.

넷째, 생산성이 제자리걸음을 하고 있다. 효율성(efficiency=Actual Output/Actual Input)과 효과성(effectiveness=Actual Output/Desired Output)이 낮은 투자는 재고해야 한다. 생산성(productivity = The Change in Output/The Change in Input)향상을 가져 오지 않는 투자는 낭비다. 국부와 소득의 차이는 생산성에 의해 결정되므로 농업투자도 생산성을 고려하여 투자성과를 높여야 한다.

다섯째, 다양성, 창의성 및 차별성을 무시하고 있다. 눈에 보이는 자산만을 기준으로 한 획일적인 지원은 발전의 동력을 사장시키는 것이다. 정부는 무형자산을 중요시하여 새로운 이노베이션을 창조하는 기업활동(起業活動)에 대한 위험자본(Risk Capital)을 공급하는 기능을 수행해야 한다. 개인의 특성과 능력에 따라 신축적인 지원제도가 운용될 때, 농업인을 일만하는 가난뱅이(The Working Poor)신세로 전락시키지 않을 것이다.

1960년대 한국농업

➔ 레일을 이용한 토양객토 모습

➔ 보리파종을 위한 골파기 작업

보리밭 한해 대책 물주기

보리 산파 포장 인력 제초 작업

수확할 때 노력이 많이 들었던 키 큰 사과 품종

망사이용 벼 건조

➜ 부락 공동으로 손 모내기를 하는 모습

➜ 투입식 탈곡기로 탈곡하는 장면

1980년대 한국농업

보행형 이앙기의 보급

2조식 콤바인 이용 벼 수확

스프링클러식 방제기 이용 무인방제

벼 세워 말리기

1990년대 한국농업

참깨 일관파종기 개발

계단식 논에서의 벼 수확

승용이앙기의 보급

산물용 콤바인 이용 수확작업

2000년대 한국농업

기계화육묘장

고추양액재배

소방목장

사일리지 제조

농촌다움의 보존

오리가 있는 배밭

강화 용두레질

➜ 다랭이마을(테마마을)

➜ 미곡종합처리장과 황금들녘

PART VII

균형 발전을 향한 합의

미국의 경제상황을 판단하는 기준이 세 가지 있다.
첫째, 경기침체(Recession)는 이웃이 실직한 때고
둘째, 경기불황(Depression)은 내가 실직한 때고
셋째, 경기회복(Recovery)은 카터가 물러난 때다.

로날드 레이건
(Ronald W. Reagan)

격리에서 통합으로 01

농업 · 농촌 · 농민의 삼농(三農)은 불가분의 관계에 있다. 농업문제는 산업문제뿐만 아니라 사람 · 지역문제를 종합적으로 다루어야 한다.

지금 농촌은 인구가 줄고 노령화되어 지역사회가 활력을 잃어가고 있다. 우리나라 인구분포를 보면, 1960년에는 도시인구가 28%였고 농촌인구가 72%였다. 그러나 인구구조는 30년 만인 1990년에는 도시인구 74%, 농촌인구 26%로 완전히 역전되었다. 농촌인구는 2000년에는 18%로 크게 감소하였다.

인구의 도시집중과 농촌인구의 유출은 국토의 균형발전이라는 차원에서 많은 문제를 야기시키고 있다. 농촌에서는 젊은 인력이 대거 빠져나감에 따라 농업경영 향상과 지역 활성화에 부정적인 영향을 미치고 있다.

농촌인구 중 농가인구는 1990년에 60%였던 것이 2000년에는 43%로 줄었다. 농촌에 거주하는 인구라도 절반이상이 농업 이외의 분야에 종사하는 비농가 인구인 것이다.

농촌인구와 도시인구 간 격차는 기회격차, 소득격차, 생활환경 · 교육여건 · 의료환경의 격차, 문화격차, 정보격차 등 복합적 요인에 기인한다. 도농간 지역격차는 더욱 확대되는 추세이다. 서울과 지방, 도시와 농촌이라는 사회적 균열구조가 가속화될 경우 심각한 사회문제를 가져올 것이다.

농촌은 ① 산업공간, ② 생활공간, ③ 휴식공간으로서의 기능이 요구되고 있다. 산업공간으로서의 농촌은 농업을 중심으로 2 · 3차 산업이 공존할 수 있도록 장벽을 선별적으로 허물어가야 한다. 농촌인력에게 취업기회를 늘릴 수 있을 것이다.

생활공간으로서의 여건을 갖추기 위해서는 교육 · 의료 · 문화 · 정보환경을 개선하여야 할 것이다. 최소한 중심도시의 생활 편익시

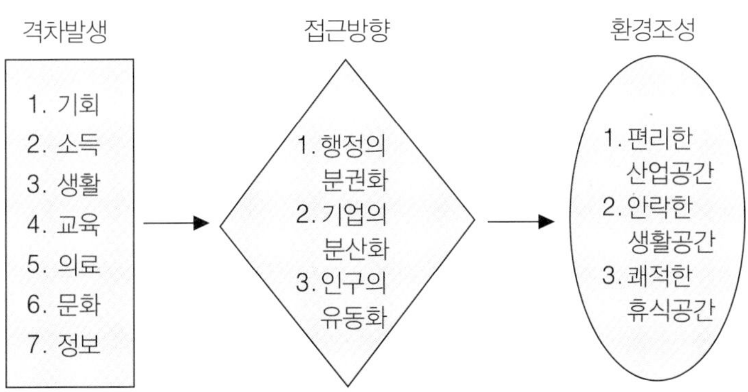

표 14 • 도농간 균형발전모형

설에 접근이 편리해질 수 있도록 하고, 부담을 줄일 수 있는 대안도 강구해야 한다. 이렇게 되면 인근도시 통근인구의 흡수가 가능해질 것이다.

휴식공간으로서의 요건을 갖추기 위해서는 농촌다운 분위기 조성과 쾌적한 자연 환경 보존 및 전통문화유산의 발굴 · 유지 등의 노력이 있어야 한다. 이를 바탕으로 도시인의 관광유치와 교류가 확산되고, 도시 은퇴인구 거주공간이 될 수 있을 것이다.

지역균형발전을 위한 정책이 새롭게 강조되고 시도중에 있다. 분권화 · 분산화가 지속적으로 추진되어 노후 부문의 발전을 가속화시켜야 한다. 도시와 농촌 간의 균형발전을 통해 잠재된 성장동력을 발굴할 수 있는 여지가 있다.

경제적 불평등 완화

02

산업간, 지역간, 기업간 및 개인간 소득과 자산의 격차가 커지고 있다. 상위계층과 하위계층간 경제적 불평등이 커지는 원인은 ①개인능력 차이, ②교육정도의 차이, ③기술수준의 차이, ④무역개방과 세계화 진전, ⑤정보혁명의 진척, ⑥시장경제와 경쟁체제, ⑦정부투자와 정책의 역할 등을 들 수 있다.

특히, 도농간 소득격차가 확대되는 추세다. 도시근로자 가구소득과의 격차가 1995년에는 비슷해 농가소득이 95% 수준이었으나, 2000년에는 81% 수준까지 떨어졌다. 그런데 그 격차가 점점 더 벌어져 2007년에는 73% 수준까지 하락하여 상대적 저위성을 면치 못하고 있다.

농가소득 신장률이 둔화되고 있기 때문이다. 최근 5년간 평균 성장률은 5%수준을 밑돌고 있다. 도시근로자가구 소득이 8% 수준의 성장세를 보인데 비하면 소득격차가 커질 수 밖에 없다. 특히 농업소득 성장이 정체되고 있는데 이는 생산성 향상이 지체되고 농가 교역조건이 불리해지고 있기 때문이다. 농가 판매가격에 비해 농가 구입가격이 상대적으로 높게 상승하여 2000년 이후 교역조건이 악화되고 있다.

도농간 소득 불균형을 시정하기 위하여 농가소득의 취약한 구조를 개선해야 하는 과제를 안고 있다. 먼저 농업소득의 안정적 성장을 위해서 ① 농업 생산성 향상, ② 농가 교역조건의 개선, ③ 재해예방 및 피해보전 등의 대책이 필요하다. 농외소득은 꾸준히 증가하고 있으나 앞으로도 경기 동향과 기업호응도의 영향을 크게 받을 것이다. 이전소득은 농가의 보충적 소득원으로서 역할을 하고 있다. 노령층의 증가에 따라 사회보장적 지원 필요성은 커질 것이며 커져야 한다.

개인 소득의 양극화 정도는 노르딕국가(노르웨이, 스웨덴, 덴마크)평균 지니계수 25.8, 유럽대륙국가(프랑스, 독일, 이탈리아) 29.7, 아시아OECD국가(한국, 일본) 31.6, 앵글로색슨국가(미국, 영국, 캐나다, 호주) 33.3, 라틴아메리카 50.2순이다. 한국의 2000년도 지니계수는 0.358이나, 양극화 진행속도가 빠르게 나타나고 있어 문제가 되고 있다.

도농간 경제적 불평등 완화를 위해서는 농가소득구조의 개선과 함께 ① 사회복지 확충, ② 교육기회 확대, ③ 고용기회 확대, ④ 성장업종으로 전환, ⑤ 지역균형발전 등을 위한 노력이 있어야 한다.

표 15 • 한국에서의 양극화 추이

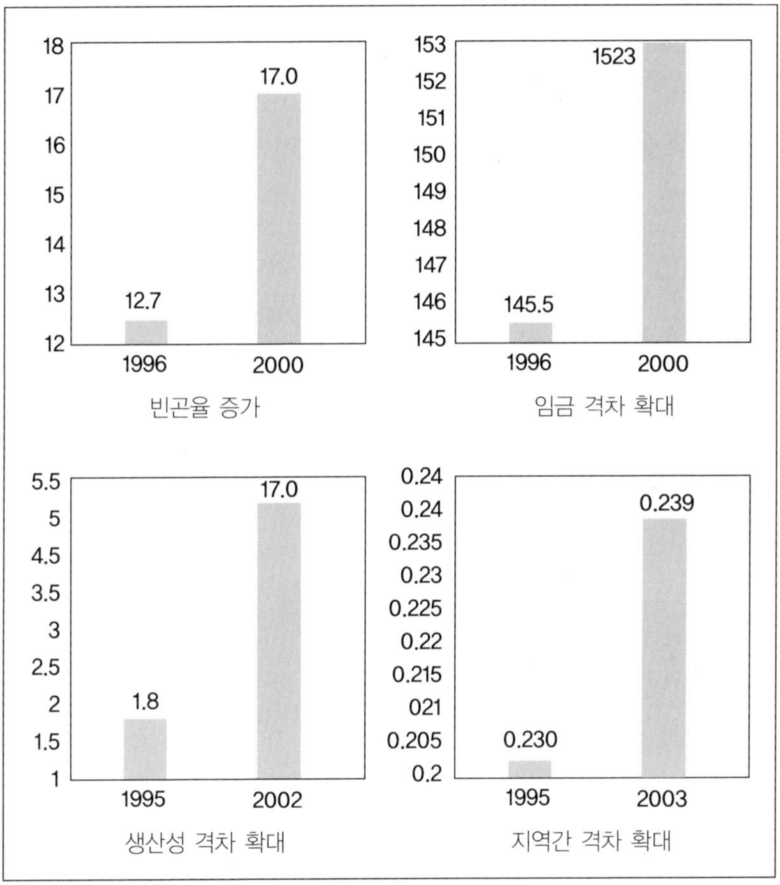

(자료: KIEP, 전세계적 양극화 추세와 해외 주요국의 대응)

예시 5 불평등도 측정

소득의 불평등을 측정하는 방법은 네 가지가 있다 (황진영, 불평등과 경제활동).

① 10분의 분배율 = 최하위 40% 소득계층의 소득/최상위 20% 소득계층의 소득.
0.45이상이면 고른 분배, 0.35이하면 불평등 분배로 본다.

② 로렌츠 곡선분 = 인구누적비율과 소득누적비율 간의 대응 관계를 표시한 곡선.
곡선이 대각선으로 직선이 될 때 완전 평등, 곡선이 아래로 늘어질수록 불평등이 심한 것이다.

③ 지니계수 = 로렌츠 곡선이 나타낸 것을 숫자화한 것.
0과 1사이의 숫자로 표시되며, 1에 가까울수록 불평등 정도가 심하다(100을 곱한 수를 사용하기도 한다).

④ 엣킨슨 지수 = 1 − Y/μ(Y: 완전평등 소득분배 상태에서의 평균소득, μ 현실의 평균소득).
0과 1로 나타내고, 불평등도가 클수록 1에 가깝다.

농촌생활의 질적 개선

03

정부는 농산어촌 주민의 삶의 질을 중소도시 수준으로 끌어올리기 위한 제도적 틀을 마련하였다. 2004년에 제정한 「농림어업인 삶의 질 향상 및 농산어촌지역 개발 촉진에 관한 특별법」이 그것이다. 이 법에 근거하여 "농림어업인 삶의 질 향상 기본계획"을 수립하여 추진 중이다.

농촌생활 향상과 농촌지역 개발의 주요 내용은 ① 복지기반 확충, ② 교육환경 개선, ③ 지역개발 촉진 및 ④ 복합산업 육성 등 네 가지로 분류된다.

첫째, 농림어업인 복지기반의 확충

건강보험료 지원액을 상향조정하고, 노후 보건소 정비와 보육시설을 크게 늘린다는 것이 주요 골자다.

둘째, 농산어촌 교육여건의 개선

농어업인 자녀 교육비 지원, 농산어촌 학교의 기자재 지원 및 농산어촌 학생의 교육기회를 확대한다는 내용이다.

셋째, 농산어촌 지역개발의 촉진

면단위 상수도 및 하수처리장 설치를 확대하고, 공공 도서관 증설과 정보화사업을 지원한다는 것이다.

넷째, 농산어촌 복합산업 활성화

향토자원의 개발, 도농교류의 확대, 농산어촌 체험마을 지원과 1사1촌운동의 지원을 늘린다는 것이다.

예시 6 삶의질 측정

삶의 질(Quality of Life)은 사람이 잘산다는 느낌의 정도(Degree of Well-being)를 말하며, 삶의 질은 물질적 요소와 심리적 요소의 두 요소로 구성되어 있다. 물질적 요소는 소득, 재산, 건강 등 실체가 있는 것이고, 심리적 요소는 스트레스, 걱정, 즐거움 등 무형의 감정을 말한다고 할 수 있다.

삶의 질을 측정하는 지수가 개발되어 국가별로 순위를 매기고 있다. 삶의 질을 나타내는 지수는 ① 인간개발지수(Human Develop-ment Index)와 ② 삶의 질 지수(Quality-of-Life Index)의 두 개가 있다(주).

① 인간개발지수(HDI; Human Development Index)

이 지수는 1990년에 개발되어 매년 UNDP(The United Nations Development Programme)의 보고서에서 사용되고 있다.

이 지수는 평균수명, 성인 문맹률, 상급학교 진학률, 국민 1인당 GDP등을 기초로 산출되고 있으며, 2007년 국가별 순위는 1위 아이슬란드, 2위 노르웨이, 3위 호주, 4위 캐나다, 5위 아일랜드, 6위 스웨덴, 7위 스위스, 8위 일본, 9위 네덜란드, 10위 프랑스로 나타났다. 미국은 16위, 한국은 26위였다.

②삶의 질 지수(Quality-of-Life Index)

2005년 에코노미스트(The Economist Intelligence Unit)가 개발한 지수로서 주관적인 삶의 만족도 조사(Life-Satisfaction Surveys)와 객관적인 9개 지표들을 종합하여 산출하고 있다. 9개 지표들은 1) 국민 1인당GDP, 2) 평균수명, 3) 정치적 안정과 안보, 4) 이혼율, 5) 단체생활, 6) 기후와 위치, 7) 실업률, 8) 정치적 자유, 9) 남녀 수입액 비교 등이다.

이 지수에 의해 가장 삶의 질이 높은 국가는 아일랜드, 스위스, 노르웨이, 룩셈부르크, 스웨덴 순이었고, 미국 13위, 일본 17위, 한국은 30위를 기록했다.

주) http://en.wikipedia.org/wiki/Human-Development-Index, Quality-of-Life Index.

농민주권과 사회적 책임

04

헌법규정을 인용해 보자. 헌법 제1조에 "대한민국의 주권은 국민에게 있고, 모든 권력은 국민으로부터 나온다."는 주권재민(主權在民)의 규정이 있다. 이것을 원용하여 "농업의 주권은 농민에게 있고, 모든 농업의 미래는 농민으로부터 나온다."로 변형시켜 볼 수 있다.

7대 농업권

농민이 농업에 관한 최고 의사결정의 주체라는 것이고, 농업의 미래는 농민의 손에 달려있다는 말을 강조하고 싶다. 최근까지 농업의 주도권은 행정부나 정치권에 있었고 농업인은 종속적인 지위에 있었다. 정부의 보호막 속에서 정부의존적인 농업을 해왔다.

이제는 세계화 · 시장화의 추세 속에서 농업의 자주권과 독립성을 회복해야 할 시점이다. 농민이 농업주권을 실현하기 위한 농업권리 일곱 가지를 열거해 본다. 여기서 제시한 권리는 농지의 소유와 이용에 관한 권리와 같이 농업인에게만 인정되는 배타적 권리와 경제주체로서 일반적으로 인정되는 권리에 기초한 것들이다.

① 농업에 자유롭게 진입 · 퇴출할 수 있는 권리
② 생산 품목을 스스로 선택 · 재배할 수 있는 권리
③ 농산품을 만들어 자유롭게 팔 수 있는 권리
④ 농업자원을 구입하거나 이용할 수 있는 권리
⑤ 자재구매와 상품판매 시장을 선택할 수 있는 권리
⑥ 농업정책 수립과정에 참여할 수 있는 권리
⑦ 영농활동과 관련하여 정부의 지원과 서비스를 받을 권리

지금은 영농활동에 직접적인 정부 간섭이나 규제는 사라졌지만 아직도 농업인의 주인의식, 프로의식, 참여의식은 부족한 것 같다. 앞으로 주권의식의 바탕으로 주도적으로 농업의 미래를 열어가야 할 것이다.

7대 사회적 책임

농업인의 농업권리에 수반하여 농업인의 사회적 책임도 요구되고 있다. 국민이 기대하는 농업인의 책임은 기업의 사회적 책임을 강조하는 것과 같은 맥락에서 볼 수 있다.

사회적 책임은 경제적 · 법률적 · 윤리적 책임으로 나눌 수 있다. 경제적으로는 경영자로서 수익성을 높여야 하고, 소비자에게 안전

한 제품을 제공해야 한다는 책임이다. 법률적으로는 영농활동 과정에서 법을 준수해야 한다는 의미다. 윤리적으로는 사회의 기대에 어긋나지 않는다는 뜻이다.

① 안정성 유지의 의무 : 농산물에 농약 잔류량이 허용범위를 초과하거나 인수공통의 악성전염병에 감염된 축산물을 판매하거나 처리를 소홀히 하는 행위 금지

② 정직성 유지의 의식 : 일반 농산물을 유기 농산물로 속이거나 속밖이 등으로 소비자를 속이는 행위 금지

③ 신뢰성 유지의 의무 : 수출업자와 계약을 해놓고도 국내가격이 오르면 내수용으로 판매하는 등 신의에 어긋나는 행위금지

④ 자긍심 유지의 의무 : 정부투융자 지원액을 빼돌리거나 속여서 혜택을 받는 등의 비리행위 금지

⑤ 지속성 유지의 의무 : 지속적인 농업을 파괴하는 용수·농지·시설 등을 오염시키거나 손궤시키는 행위 금지

⑥ 환경성 보존의 의무 : 농약·비료 과다 살포, 축산분뇨·쓰레기 투기 등으로 인한 생활환경 훼손행위 금지

⑦ 전통성 보전의 의무 : 농촌에 뿌리를 두고 있는 도시민 입장에서는 전통문화와 유산이 대대로 계승되기 바라고 있다.

이러한 권리·의무를 잘 이행할 경우 국내외 소비자의 호응을 얻고 국산 농산물의 수요증대를 통하여 농업의 미래는 활로를 열 수 있다고 믿는다.

05

미래를 위한 사회계약

공동체 의식이 빈부격차와 도농격차가 점점 커지면서 희박해지고 있다. 안타깝게도 한국사회는 도시에서 사는 사람과 농촌에서 사는 사람, 잘사는 사람과 못사는 사람으로 양분되는 사회가 되어가고 있다. 이런 현상이 심화된다면 농촌에서 사는 사람과 못사는 사람은 소외감에서 벗어나지 못하고 미래에 대해 좌절할 것이다. 사회계약은 우리 국민이 공동운명체이며 상호의존하고 있다는 사회적 합의다. 지역간 · 계층간 불균형을 좁히고 연대감과 결속력을 높이면 사회계약이라는 사회안전망이 회복될 것이다.

농촌은 젊은 사람들이 떠나고 노인들이 고단하게 살아가는 활기 없는 사회로 변하고 있다. 반면에 도시는 부유한 사람들이 많고 날로 번창하면서 경제적 풍요를 누리고 있다. 이러한 격차를 완화하는 노력을 하지 않을 경우 농촌과 도시는 공존하기 어렵게 될 것이며 사회안정에 위협이 될 것이다.

이제 사회적 합의를 위해 노력할 때다. 정부도, 기업도, 도시민도 농촌에 관심을 가져야 한다. 같은 사회의 구성원으로서 서로를 도울 수 있어야 한다. 먼저 정부가 나서야 한다. 모든 사람이 함께 할 수 있는 환경을 조성하고 진보적인 개혁을 추진하여야 한다.

진보적인 개혁을 이룩하기 위해서는 세 가지 장애물을 극복해야 한다. 역사적으로 보면 현실외면, 현실도피, 시도포기의 장애물을 극복했을 때 개혁이 이루어졌다(로버트 리이시).

우리는 우리 모두가 공동운명체라는 사실을 잊고 있었다. 우리 공통의 부는 개인이 가지고 있는 재산이 아니고 운명공동체라는 상호 신뢰에 달려있는 것이다.

지금부터 모두가 현실을 외면하지 말고, 현실에서 도피하지 말고, 현실을 고쳐보려는 시도를 해야 할 것이다.

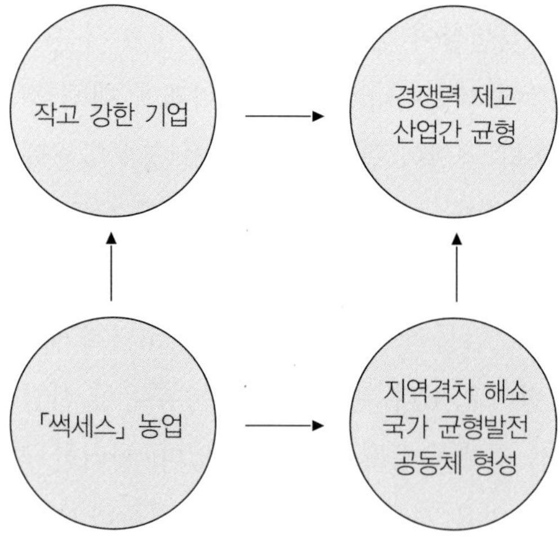

표 16 •「썩세스」 농업 발전도

PART VIII

민족통합을 향한 농업

북한시장은 기다려주지 않는다.
북한시장의 주인이 꼭 우리가 되리라는 보장은 없다.
황금시장의 빗장이 풀리기 전, ‘한반도 경제주권을 확보하라.
이제 답은 명확하다. 북한을 사라.

임성훈 교수

분단독일의 동서협력

01

독일은 1945년에 패망한 후 1949년에 서독정부와 동독정부가 각기 수립되었다. 1961년에는 동독이 베를린 장벽을 설치하고 1970년에는 동 · 서독 정상회담이, 1972년에는 동 · 서독 기본조약이 체결되었다. 1989년 11월 9일에는 베를린 장벽이 개방되고, 1990년에는 국가조약, 통일조약 및 2 + 4조약(동 · 서독 + 미국 · 소련 · 영국 · 프랑스)이 체결된 데 이어 10월 3일 마침내 통일을 이룩하게 된다.

■■■ 독일 통일의 원동력

독일 통일이 가능하게 된 배경으로 네 가지를 들 수 있다.[10)]

10) 손선홍의 「분단과 통일의 독일 현대사」에서 정리해 놓고 있다.

첫째, 4개국에 의해 분단되었으나 동 · 서독 간 전쟁이 없었다. 따라서 적대감이 없었다.

둘째, 빌리 브란트 수상이 추진한 새로운 동방정책의 힘이 컸다. 1972년의 기본조약에 의거 폭넓은 교류가 이루어졌다.

셋째, 서독의 경제력과 성숙한 민주주의다. 더 나은 생활에 대한 갈망이 이념과 체제를 압도했다.

넷째, 통일에 대한 미국의 확고한 지지와 콜 수상의 외교력이다. 콜 수상은 미국의 지지에 힘입어 통일에 반대한 소련과 주변국의 지지를 얻어냈다.

예시 7 통일을 향한 독일의 주요 사건

1972. 12. 21	기본조약 체결
1973. 09. 18	유엔 동시 가입
1974. 05. 02	상주 대표부 교환
1989. 11. 09	베를린 장벽 개방
1990. 05. 18	국가조약체결
08. 31	통일조약체결
09. 12	2 + 4 조약체결
10. 03	독일 통일

브란트 수상은 1969년에 취임한 후 새로운 동방정책을 밝히고 1970년에는 동독 슈토리 총리와 2차례에 걸쳐 회담을 가졌다. 또한 그는 두 독일의 유엔가입, 상표부 설치, 인적교류 등 동독과의 관계 개선에 힘썼다.

■■■ 동 · 서독 교류

인적교류는 가장 활발한 분야였다. 서독인은 동독에 부모형제가 있을 경우 1년에 1회 방문이 허용되어 자유롭게 이루어진 반면, 동독인의 서독방문은 연금수령자와 긴급가사문제가 있을 경우 가능했다.

청소년 교류도 적극적으로 추진되어 자라나는 세대에게 분단독일을 이해시키는 기회로 활용했다.

1985년에는 문화협정이 체결되어 학술대회, 교수 · 학생교류, 그림 · 조각 · 음악 · 영화 등 문화교류가 폭넓게 이루어졌다. 동 · 서독 간 도시자매결연도 활발하여 상호방문과 체육경기 등이 잦아졌다.

통신 · 우편교류는 서베를린과 동베를린 간 전화가 개통된 데 이어 전화선이 확대되고 우편물의 교류도 점차 확대되었다.

내독무역도 1970년대 들어 본격적으로 추진되었다. 특히 서독은 스윙(Swing)이란 제도를 도입하여 동독이 상품대금을 결재할 수 있도록 무이자 차관을 제공하였다.

또한 과학 · 기술과 환경분야에서도 협력이 증진되었다. 서독은 차관 제공 등 경제 지원도 계속하면서 국경선에 배치한 자동발사기 해체 등 인권개선 조치를 유도해 왔다.

서독정부는 정치적 실리를 얻고, 동독정부는 경제적 실리를 얻어냄으로써 상호간 교류협력을 강화시켜 왔다. 이러한 교류·협력의 강화가 독일 통합의 밑거름이 된 것이다.

독일통일과 후속조치

독일은 1990년 10월 3일 자정을 기점으로 통일이 되었다. 히틀러가 일으킨 전쟁으로 분단되었던 독일은 패망한 지 45년, 동서로 분단된 지 41년 만에 단일국가가 된 것이다. 1990년 12월 2일 연방 하원의원 선거가 실시되고, 1991년 1월 17일 콜 수상이 다시 독일의 수상으로 선출되어 콜 정부가 탄생되었다.

콜 정부는 실질적 통합을 위해 해결해야할 난제들이 산적해 있었다. 시급한 과제들은 ① 주권회복, 기본법개정 및 수도이전, ② 동독정부의 과거 불법행위 청산, ③ 군인과 공무원 통합과 감축, ④ 외국군 철수, ⑤ 동독의 시장경제체제 도입, 사회간접자본 투자, 실업자 구제 및 복지제도 도입, ⑥ 몰수된 재산의 환원, ⑦ 실질적 국민 통합, ⑧ 동독이 제 3국과 체결한 조약의 효력, ⑨ 오염된 환경의 복원, ⑩ 통일비용의 부담 등 열 가지를 열거할 수 있다.

예시 8 통일 비용

통일비용은 통일이후 동독지역에 투입된 공적 자금으로서 연방정부의 예산, 통일기금 및 EU구조조정기금 등에서 지원되었다. 그러나 예상보다 비용이 훨씬 많이 들었기 때문에 독일은 후유증을 겪게 되었다. 통일비용 조달을 위해 적자예산편성, 국가채무증가, 조세세율인상, 보험료인상, 부과금부과 등 다단계 조치가 취해졌다. 결국 이러한 비용은 정부 · 기업 · 가계의 부담으로 전가되었다. 통일비용에 대한 공식적인 발표는 없으나, 지금까지 총 1조 5,000억 유로로 2,000조원 수준으로 추산된다.

남북협력의 발전전망

02

남북협력을 추진함에 있어서 기본원칙을 바탕으로 해야 한다. 앞으로 추진할 남북협력은 ① 투명성, ② 호혜성, ③ 일관성, ④ 다양성, ⑤ 지속성, ⑥ 수익성, ⑦ 보완성이 토대가 되어야 할 것이다.

■■■ 남북협력의 기본원칙

투명성은 국민의 합의와 지지를 얻는 수단이 되기 때문이다. 지금까지 부정적인 인식과 불신은 투명하지 못한 정책결정과정에 기인한다. 남북관계의 특성상 공개적인 추진이 어렵다는 한계가 있으나 이에 대한 노력이 필요하다.

남북협력은 상호주의 원칙을 기조로 해야 지속적인 발전을 기대할 수 있다. 주고 받는 호혜성이 무시되고 일방적인 지원으로 흐를 경우 국민의 장기적인 지지를 받기 어렵게 된다.

일관성이 유지되지 못할 경우 불신과 불안을 낳는다. 남북관계의 상황이 돌발적이고 가변적인 경우가 있으나 신뢰성 제고를 위해서는 일관성 있는 정책추진이 필요하다.

남북협력의 추진주체, 추진사업, 추진채널 등이 다양해야 한다. 정부의 통일정책 틀 안에서 다양성이 보장되어야 협력의 폭과 깊이가 확대될 것이다.

남북협력사업은 일과성에 그치는 행사위주가 아니라 지속적으로 추진되는 계속사업이 중심이 되어야 한다. 지속성이야말로 예측가능하고 기대할 수 있는 요소라 할 수 있다.

수익성은 민간차원 · 기업 입장에서 볼 때 필요한 조건이다. 수익

예시 9 **남북협력을 위한 주요 사건**

1972. 07. 04	남북 공동 성명 채택
1991. 09. 17	남북한 UN 동시가입
1992. 02. 19	「남북 사이의 화해와 불가침 및 교류협력에 관한 합의서」와 「한반도 비핵화공동선언」 채택
2000. 06. 15	남북정상회담과 「6 · 15 남북 공동선언」 채택
2007. 10. 04	남북정상회담과 「10 · 04 공동선언」 채택

이란 금전적인 이윤 이외에도 시장선점, 브랜드의 힘, 진출 교두보 확보 등 비금전적 이익도 포함될 것이다. 대북사업이 이익보다 손해로 연결된다면 기업은 도산할 수 밖에 없다.

남북협력은 남북 간 상호 보완 내지는 분업관계로 연결될 수 있는 방향으로 추진되어야 한다. 산업 간 · 품목 간 · 기능 간 연관성이 있도록 장기적인 전략이 있어야 한다.

■■■ 남북협력의 발전가능성

남북협력과 교류에 부정적인 요소로는 북한 핵시설 공방과 6자회담[11]의 타결의 지연을 꼽을 수 있다. 그러나 핵 문제와 6자회담이 미해결상태에 있으나, 남북당국자의 남북협력에 대한 확고한 의지, 민간차원의 협력 활성화, 개성공단건설과 육로관광 확대 및 인적교류 확대 등은 지속적인 남북협력의 추진력이 되고 있다.

앞으로 인적교류를 비롯하여 경제협력, 문화교류 및 통신 · 교통분야에 걸쳐서 교류와 협력이 동시에 확대될 것으로 전망된다.

인적교류는 이산가족상봉 → 가족 · 친지방문 → 여행자유화로 이어지고, 경제협력은 위탁가공무역 → 직접투자확대 → 무역자유화의 단계로 발전해갈 것이다.

또한 남북협력의 물적기반을 확충하기 위해서는 단계적으로 교

11) 북한의 핵문제를 협의하기 위한 한국, 북한, 미국, 중국, 일본, 러시아등 6개국의 다자간 회담이다. 이 회담은 2005. 9. 19. 원칙적 합의하에 공동성명을 발표하였다. 북핵폐기와 경수로 제공 등 핵심 현안에 합의하였으나 구체적인 실천방안에 대해서는 향후 협상에서 논의하기로 하였다.

통 · 통신의 남북한 연결망 구축 → 시베리아와 중국과의 횡단철도 연결 및 공항 · 항만시설의 확충 → 에너지 공급체계 구축으로 진행될 것이다. 이를 제도적으로 뒷받침하기 위해서는 남북교류협력 공동위원회 → 연락사무소 → 상주대표부 교환의 수순을 밟을 가능성을 상정해 볼 수 있다.

궁극적으로는 미 · 소 · 중 · 일의 지지와 협조 분위기 조성과 함께 남북 협력의 지속적 확대 → 북한의 시장경제 체제로의 전환 → 국경개방 및 남북 통합의 순서로 가야 할 것이다.

남북 협력은 남한의 필요성에 의해서만 이루어질 수 없고 북한의 수요와 내부사정에 크게 좌우될 수밖에 없다. 북한은 경제회생에 초점을 두고 투자유치와 수출확대에 주력하고 있다. 특히 4개 주력산업으로 석탄 · 금속 · 전력 · 철도 등을 강조하고 있으며, 농업과 정보통신 분야에도 관심이 높아지고 있다. 이들 분야에 대한 협력체제가 강화되어야 할 것이다.

표 17 • 남북한 주요 경제지표(2008)

	GNI(억$)	GNI1인($)	수출(억$)	수입(억$)
북한	267	1,152	9	20
남한	9.7	20,045	3,715	3,699
남/북(배)	36	17	404	168

자료 : 농림부, 농림업주요통계(2008)

분야별 남북협력사업

남북협력사업은 1) 경제협력사업, 2) 문화협력사업, 3) 인도적 지원사업의 세분야로 나누어 볼 수 있다. 경제협력사업은 교역, 관광, 공단, 철도 등으로, 문화협력사업은 체육, 학술, 종교, 예술 등으로, 인도적 지원사업은 농업, 의료, 환경 등과 관련된 사업들이다.

남북교역은 증가추세를 유지하고 있으며, 2006년 교역규모는 13억5000만 달러, 그중 상업적 거래가 69%, 비상업적 거래는 31%를 차지하고 있다. 상업적 거래 비중이 커지고 있으며, 개성공단 반입품이 급증하고 있는 것도 한 요인이다. 비상업적 거래는 쌀 등 대북지원이 대부분을 차지하고 있다.

개성공단사업, 금강산관광사업, 철도연결사업 등 3대 경협사업이 진행 중이다. 개성공단에는 2007년 기준으로 64개 기업이 가동 중이며, 83개 기업이 입주를 준비하고 있다. 북측 근로자 2만 여명이 근무하고 있으며, 생산액은 1억 달러, 교역액은 3억 달러를 넘어서고 있다. 금강산관광사업은 2007년에는 30만 명 이상의 관광객 방문, 승용차관광 허용, 관광코스 확대 등의 성과가 있었다. 철도연결사업은 문산역과 봉동역 구간 화물열차 운행이 시작되었다.

문화협력사업 중 겨레말큰사전 편찬사업과 평양과가대지원사업 등이 진행 중에 있다. 스포츠교류는 축구를 비롯한 각종경기의 상호교환경기개최, 베이징올림픽 공동 대표팀 구성 및 공동응원 구성, 응원단의 경의선 열차이용 올림픽참가 등을 통하여 활성화될 것으로 예상된다.

표 18 • 분야별 남북협력사업

사업분류	세부사업	주요내용
경제협력	교역	상업적거래, 비상업적거래
	관광	금강산관광, 백두산관광
	단지	개성공단, 조선협력단지
	교통	철도연결, 고속도로건설
문화협력	체육	올림픽공동대표팀 및 응원단
	학술	사전공동편찬, 학교시설지원
	종교	사찰복원, 공동기념행사
	예술	공동창작지원, 공동문화행사
	인도	주의농업비료, 쌀, 자재
	대북	지원의료의약품, 의료장비
	환경	조림, 산림개발

자료 : 농림부, 농림업주요 통계(2004)

농업부문의 협력방안

03

북한의 농업구조

북한의 농가 인구는 전체인구의 36%를 차지하고 있다. 식량수급 상황은 수요량이 대략 600만톤, 국내생산량이 400만톤, 부족량이 200만톤 수준이다. 북한의 식량 사정이 악화된 요인으로는

① 잦은 자연재해의 발생
② 수리시설 등 농업생산기반의 취약
② 비료 · 농약 · 종자 · 농기계 · 에너지 등 자재공급 부족
④ 집단농장의 생산의욕 저조 등으로 나누어볼 수 있다.

북한의 농업은 협동농장체제를 근간으로 하고 있다. 협동농장은 전체 농경지의 90%인 180만 ha를 경작하고 있다. 협동 농장은 평균 350~400 농가, 700~900명의 조합원, 1900~2000명의 부양가족이 있다.[12)]

12) 김경량의 「북한농업의 개혁」에서 제시하고 있는 자료이다.

협동농장은 공동소유이고, 영농관리방식은 기초적인 생산 조직인 분조관리제가 운영되고 있다. 개별농가에게도 30~50평 규모의 텃밭 경작을 제한적으로 허용하고 있다.

대북 협력 방향

농업부문 대북지원은 대부분 식량과 비료가 큰 비중을 차지하고 있으며, 민간단체 중심으로 농약 · 종자 · 농기계 등을 지원하여 식량난 해소에 기여해 왔다.

앞으로 대북 농업협력은 긴급구호 차원에서 식량부족을 근본적으로 해결할 수 있는 방향으로 개선되어야 할 것이다.

대북 농업협력의 방향 재정립이 필요한 때이다.

첫째, 긴급 구호적 지원과 함께 북한의 농업생산성 향상을 가져올 수 있는 농업기술지원과 농업개발지원에 중점을 두어야 한다.

둘째, 북한의 경제체제를 개혁할 수 있는 협력에 중심을 두어야 한다. 농지의 사유화와 시장의 자유화를 유도할 수 있는 전략적 협

표 19 • 남북한 주요 농업지표(2008)

	인구 (천명)	농가인구 (비율(%))	경지면적 (천ha)	식량생산량 (천M/T)
북한	23,200	37	1,810	4,543
남한	48,456	7	1,800	5,300
남/북(배)	2		1	1

자료 : 농림부, 농림업주요 통계(2008)

력사업에 비중을 두어야 할 것이다.

셋째, 남북 농업의 보완화 · 분업화의 시각에서 협력사업을 추진해야 한다. 남한 농업에 종속시킨다는 의미가 아니고 남북농업이 상호보완관계가 구축될 수 있도록 지역별 특화작목 개발에도 눈을 돌려야 한다.

넷째, 북한의 수요에 부응하여 농업협력체제를 구축하는 전향적 자세가 필요하다. 남한 중심의 사고나 필요에서 벗어날 시점이다.

다섯째, 남북 간 합의를 바탕으로 북한농업의 새로운 발전모델을 개발하여 확산시키는 전략을 도입해야 한다. 육묘장 · 저온창고 · 유리온실 · 가공시설, 선별 · 포장자동화시설 등을 체계적으로 갖춘 첨단 농업단지를 시범 조성할 필요가 있을 것이다.

여섯째, 정부차원에서는 농촌진흥청에서 북한지역 적응성을 시험중인 종자의 시험재배, 토양개량 · 수량증대를 위한 공동연구사업 등을 추진해야 한다.

일곱째, 민간차원에서는 계약재배를 활성화하고 협동농장의 경영 참여나 인수경영도 추진해 볼 수 있다.

남북농업협력은 북한의 식량문제 해결에 초점을 둬야 할 것이다. 식량부족량은 연간 200만 톤 수준인데 남한정부에서 지원하는 매년 쌀 30~40만 톤과 비료 20~30만 톤 지원에 따른 쌀 · 옥수수 등의 증수량 50~80만 톤을 합하여 100만 톤 정도는 남한에서 충당하는 셈이다. 나머지 100만 톤 중 절반은 국제사회로부터의 원조물량 40~50만 톤으로 해결 가능할 것이다.

최종 부족분 50만 톤은 종자갱신 · 재배기술도입 · 병충해방제 등을 통하여 증산을 촉진시켜야 할 것이다. 이 과정에서 우리나라 농업전문기술을 전파하기 위한 인적 교류가 요청된다.

예시 10　　북한 식량부족 해결방안

- 식량수요량 : 연간 600만 톤
  — 국내생산량 : 연간 400만 톤
- 식량부족량 : 연간 200만 톤 수준
- 남한정부 식량지원 : 80~120만 톤
  — 남한정부 쌀 지원 30~40만 톤
  — 비료 20~30만 톤 지원에 따른 증산량 50~80만 톤
  (비료10만 톤 : 쌀 · 옥수수 27만석 증수효과)
- 국제사회 식량지원 : 40~50만 톤
  ※ 부족량 50만 톤은 종자갱신 · 기술향상, 병충해 방제 등을 통하여 증산

남북 통합과 통일 농업

04

남북 통합과정은 의외로 빨라질 수 있다. 독일의 경우도 누구도 예상치 못한 빠른 통독과정을 겪었다. 동독주민의 서독 쇄도와 동서독 자유왕래를 계기로 베를린 장벽이 개방되었고, 베를린 장벽이 무너진 지 1년도 안 되어 통일이 되었다.

▪▪▪ 통일에 따른 문제들

예상 외의 평화적 통일을 가정하고 통합과정에서 해결할 과제들을 살펴보기로 한다. 먼저 남북통일이 될 경우 통일한국은 7천만 명이 넘는 인구를 갖게 된다.

외교 · 정치 분야에서는 북한이 제3국과 체결한 조약처리문제와 남북한 군 통합문제가 핵심과제가 될 것이다.

헌법개정과 선거제도개편, 정부기관의 이전, 행정기관 근무자 처리문제와 분단시대의 과거 청산 문제가 대두될 것이다.

경제적인 문제로는 몰수된 재산의 처리문제, 화폐통합 · 시장경제로의 전환과 경제개건 과제 및 통일비용 조달 문제가 될 것이다.

사회적인 통합을 위한 과제로는 대량 실업문제, 생활수준 향상문제, 사회보장제도 확대문제 및 환경 오염 개선 문제 등이 될 것이다.

정치통합과 경제통합은 기본체제의 통합이고 사회통합은 국민 개개인의 이해관계와 직결되기 때문에 관심이 더 크다고 보겠다. 그러나 더 어려운 문제는 남북한 주민의 이질감 해소와 경제적 격차를 줄이는 과제가 될 것이다.

통일 농업의 개혁과제

먼저 농지의 사유화 조치가 필요하다. 통일과정에서 몰수된 농토에 대한 소유권 반환 문제가 제기될 것이다. 몰수된 재산은 원소유자에게 반환되어야 한다는 원칙을 입법화해야 할 것이다. 독일의 경우는 소련 점령하에서 몰수당한 재산은 원소유자에게 반환하지 않았으며, 동독치하에서 몰수된 재산은 원상회복을 인정하되, 반환이 어렵거나 반환 대신 보상을 원할 경우 보상하도록 했다. 그러나 농업용 이용보다 부동산 투기 등으로 악용되는 것을 막기 위해서는 지방자치단체나 제3의 관리기관에 임대하거나 매각하도록 해야 할 것이다.

다음으로 농산물 시장의 자유화 조치가 있어야 한다. 가격 통계나 무역 장벽도 없어져야 한다. 사회주의 경제체제를 바꾸기 위해서는 시장에 의한 가격 결정기능과 자유로운 생산 · 유통 방식을 도입하여야 할 것이다. 시장경제에 반하는 법규는 폐지해야 할 것이다. 농산물 시장은 우선 도매시장체제보다 농민시장을 활성화하는데 주력해야 할 것이다. 다음 단계로 물류센터 · 도매시장기능을 발전시켜야 할 것이다.

농업경영구조의 혁파문제도 해결과제다. 협동농장이 해체될 경우 개인, 영농조직, 회사형태로 분화될 것이다. 협동농장은 첫째, 작은 규모로 세분화하여 집단영농에 익숙한 협동농장 형태의 영농조직으로 개편해야 할 것이다.

둘째, 개인농장을 유도하여 개인의 사익추구 활동을 최대한 조성하고 보장해야 할 것이다.

셋째, 협동농장을 회사형태로 경영할 수 있는 기업형 영농도 권장하여야 할 것이다. 경영형태가 어떤 것이든 자율 생산 · 시장 판매 · 소유권과 임대권의 보장이 뒷받침되어야 한다.

투자우선순위도 통일농업의 발전에 영향을 미칠 것이다. 식량난에서 벗어나지 못한 상황에서는 우선 생산기반조성, 영농자재공급, 기술개발분야에 투자하여 생산증대에 힘써야 할 것이다.

다음으로 미비한 시장 · 유통시설 확충에 투입하고, 도로망 · 통신서비스 등 농촌 하부구조 개선에 지원하는 것도 필요하다.

농촌관광과 연계한 농외소득원개발, 다양한 농촌경제활동도 지원해야 할 것이다.

이와 함께 환경오염방지, 식품위생과 안전성, 고품질 상품화에 대한 지원이 필요할 것이다.

무엇보다 시장경제체제로 전환됨에 따른 전문적인 교육이 있어야 한다. 농업에 종사할 인적자원의 개발은 시장경쟁력을 높이는 첩경이다. 현장직업교육과 훈련시스템을 제도화하여 농업경영능력을 제고시켜가야 할 것이다. 특히 남한 농업의 시행착오를 되풀이하지 않도록 하여 농업발전을 앞당기도록 해야 한다.

농업협력의 발전단계

농업협력은 북한농업의 발전단계와 남북협력의 진전속도에 따라 우선순위를 정하여 추진하는 전략이 있어야 한다. 이를 4Rs로 나타낼 수 있을 것이다. ① 긴급구제(relief)→ ② 정상회복(recovery)→ ③ 개혁조치(reform)→ ④ 일대변혁(revolution)의 순서로 이행해 갈 구체적 전략과 계획이 마련되어야 할 것이다.

지난 10년 동안을 1-2단계 병행과정이라 할 수 있고, 당분간 이 단계를 벗어나기 어려울 것으로 전망된다. 3단계는 시장경제로의 이행, 개방경제로의 진입, 농업구조의 개편, 생산성 향상을 위한 인프라가 구축되는 단계로 볼 수 있다. 4단계는 사회주의체제가 자본주의체제로 전환되어 시장, 개방, 경쟁 및 선진농업의 기틀이 갖추어지는 단계라고 말할 수 있다.

예시 11 북핵문제의 해법

■ 카다피 방식

〈리비아〉	〈미국〉
1) 대량살상무기의 자진 폐기	1) 사회주의체제 인정
2) 핵시설 사찰 수용	2) 경제봉쇄 해제
3) 국제무대에 복귀	3) 테러지원국 명단에서 삭제

■ 후세인 방식

1) 국제사회와의 대결 선택

2) 자기도 죽고, 국민도 죽는 전략

3) 국제사회도 혼란

■ 김정일 방식

1) 핵사찰 거부

2) 6자회담 중단

3) 핵 개발재개

■ 김정일 신방식 필요

〈북한〉	〈미국〉
1) 핵개발 중단	1) 북한체제 인정
2) 핵사찰 수용	2) 경제제개 해제
3) 국제사회 복귀	3) 국교 정상화

예시 12 클린턴 방북효과

2009.08.04	클린턴 전 미국대통령 평양방문
08.05	억류중인 두 여기자 석방
2009.08.10	현정은 현대그룹 회장 평양방문
08.13	억류중인 현대아산 직원 석방

PART IX

해외시장을 향한 농업

칼로리 섭취량의 55%가 해외 농산물이다.
식량은 70% 이상을 수입에 의존하고 있다.
쇠고기는 소비량의 60% 이상을 외국에서 들여온다.
식탁자급도가 50%도 안 되는 반쪽 농업이다.
나머지 반쪽에 대한 관심과 대책이 필요하다.

수입에 대한 인식전환 01

우리나라의 농산물 생산량은 국내 수요량의 절반 수준에도 못 미친다. 칼로리 기준으로 볼 때 45%만이 국산 농산물에서 충당하고 있다. 식량자급률도 20% 대에 머무르고 있다. 쇠고기 자급률은 30%를 조금 넘어서고 있다.

주곡인 쌀은 주곡자급체제 구축을 위한 지속적인 노력에 힘입어 자급수준을 유지하고 있다. 과잉 생산 및 재고부담 문제까지 안고 있었으나 대북지원으로 돌파구를 찾고 있다.

육류자급률은 70%를 유지하고 있으나 점차 하락추세에 있다. 채소의 경우도 고추 · 마늘 · 양파 등 양념류의 수입이 늘고 있으며, 과일도 열대과일 중심으로 수입의존도가 높아가고 있다.

농산물 수입의 특징을 보면,

① 구조적 · 환경적으로 수입할 수밖에 없는 품목이 있다. 사료곡

물과 열대과일이 여기에 해당한다.

② 의무적으로 수입하여야 하는 품목이 있다. 쌀이 대표적인 품목이다. 최소의무수입량(MMA)을 WTO 이행계획에 따라 수입하고 있다.

③ 가격경쟁에서 밀려 수입에 의존하고 있는 품목이 있다. 육류 · 채소 · 과일 등 대부분의 농산물이 이 범주에 속한다.

앞으로 DDA협상타결과 FTA의 확산 등으로 수입장벽이 없어지고 수입관세가 인하되고 관세할당량(TRQ)이 확대될 것이다. 수입개방이 진전되면 해외농업에의 의존도가 지금보다 높아갈 것이다. 농업의 다원적 기능 중 식량공급 기능측면에서 본다면 지금의 한국농업은 반쪽짜리 농업이다. 나머지 반쪽농업에 대한 관심과 대책이 있어야 한다.

표 20 • 양곡 자급률(2007)

(단위 : %)

	전체	쌀	보리	밀	옥수수	콩
곡물(사료용 포함)	27.2	95.8	58.3	0.2	0.7	11.1
식량(사료용 제외)	51.6	95.8	52.3	0.3	3.2	34.5

자료: 농림부(2008)

수입과 생산의 분업화 02

우리나라 국민의 식탁은 외국농산물이 절반 이상 점령하고 있다는 점에서 반쪽농업이다. 반쪽농업의 미래 대응도 「썩세스」 농업일 수 밖에 없다. 품목별 대응은 수입의존형, 내수중심형, 수출지향형의 세 가지로 분류하여 대처하는 전략이 필요하다 하겠다.

첫째, 수입의존형 품목은 항구적으로 수입에 맡기고 국내생산을 포기하거나 최소 수준의 국내생산 능력만 유지하는 것이다. 바나나 · 망고 · 파인애플과 같은 열대과일은 국내생산을 포기한 품목이다. 밀 · 옥수수 · 콩은 현재 수준의 지급능력을 유지하는 것이 합리적일 것이다. 품목에 대한 세밀한 검토가 있어야 할 것이다.

둘째, 내수중심형 품목은 국내시장수요의 대부분을 국산농산물로 유지해가는 것이다. 채소, 과일, 고기, 우유 등의 품목이 여기에 속한다. 연도에 따라 수급사정이 달라지겠지만 내수중심으로서 국내시장 점유율을 일정수준 유지해가는 것이다.

셋째, 수출지향형 품목은 수출잠재력이 있는 품목을 집중 개발하여 해외시장을 공략하는 것이다. 인삼 · 김치 같은 전통식품과 배추 · 딸기 · 사과 · 배 같은 채소와 과일, 화훼류 등이 될 것이다. 특히, 선인장 · 파프리카 같은 유망품목에 대한 수출 개발이 지속되어야 한다. 수출은 농업경쟁력의 나침반 역할을 하기 때문에 수출 확대를 위한 집중적인 노력이 필요한 것이다.

농업자원이 한계가 있기 때문에 모든 품목을 생산하여 수입을 대체할 수 없다. 품목별 특성에 따라 수출, 자급 또는 수입해야 할지 선택적으로 유도 · 지원하는 것이 효율적이다. 국내 농산물의 자급도가 높을수록 국내 농업과 농업 관련산업의 소득크기와 경제규모가 커진다는 것을 의미한다.

수입농산물의 수용체제 03

국민식탁의 50% 이상을 해외농산물에 의존하고 있는 상황이다. 해외시장에 대한 관심과 대책이 있어야 한다. 수입농산물에 대한 수용자세와 관리 방안도 개선되어야 한다.

세계화시대에는 사람이나 물건의 국제교류가 자유롭게 된다. 농산물도 교역이 자유로워지고 무역량도 많아질 것이다. 농산물의 국제간 유동성이 높아짐에 따라 인체, 동 · 식물 및 환경 안전성 문제가 대두되고 있다.

유독성 농약잔류, 발암물질 함유, 광우병 · 구제역 · 조류독감 등 악성질환감염, 유전자조작, 친환경재배 여부에 대한 소비자의 궁금증과 불안감이 커가고 있다.

수입농산물이 쇄도하고 있는 판국에 수입농산물에 대한 인식이 달라져야 한다. 외국 농산물이 유입되는 것은 국내에 없는 것이거나 국내에서 생산된다 하더라고 값이 싸거나 품질이 좋거나 건강에 좋은 장점을 가지고 있기 때문이다. 소비자의 소비형태도 국산농산물에 대한 애착에서 수입농산물에 대한 무차별적 선택으로 변해가고 있다. 수입농산물을 선호하는 것이 당연시되고 있는 것이다.

수입농산물은 이제 「수입은 자유롭게 하되, 수입 정보는 알리자」는 원칙이 만들어지고 있는 것이다. 소비자의 알 권리를 충족시키는데 주안점을 두고 있다. 수입농산물은 「검역제」, 「표시제」, 「회수제」 및 「긴급수입제한제」 등의 안전장치 적용을 받게 된다.

검역제는 병해충 · 질병원인체, 식품 · 사료의 첨가제, 동식물이나 동식물생산품에 의하여 발생되는 위험을 차단하기 위한 조치다. 국경에서 이루어지는 가장 일반적이고 1차적인 안전장치다.

표시제는 생산국 · 생산지를 표시하는 원산지 표시제가 도입되고 있다. 원산지 표시제는 우리나라에서 정착단계에 있다. 유전자 조작식품(GMO)에 대한 표시제가 있다. GMO 표시제는 유럽(EU)에서 채택하고 있으며, 미국과의 무역분쟁 원인이 되고 있다. 이외에도 친환경식품 표시제가 있다. 친환경표시제는 국가마다 제각각이며 통일된 국제규격이 아직 마련되지 않았다.

앞으로는 생산이력제(Traceability)가 도입되어야 한다.

프랑스 · 일본에서 부분적으로 도입되고 있고, 우리나라에서도 시범 실시 단계에 있다. 생산과정을 알 수 있고 추적할 수 있는 시스템이므로 안전적인 소비보장수단이 될 것이다.

회수제는 불량품이나 문제가 생겼을 때 회수(Recall)하는 제도다. 공산품에서 도입된 제도이지만 농산품이나 농산가공품에도 일부

도입되고 있다. 앞으로 회수제가 서비스 제고 차원에서 활성화될 것이다. 사실상 농산물은 폐기제로 이해해야 한다.

긴급수입제한제는 소비자 안전을 위한 제도와 생산자를 보호하기 위한 제도가 있다. 소비자 안전 제도는 농산물의 수입과 유통을 차단하는 긴급조치다. 생산자 보호제도는 수입물량이 10% 이상 늘었거나 수입가격이 10% 이상 하락했을 때 관세율 조정 등을 통하여 국내 농업을 보호하는 장치이다.

이러한 안전장치는 수입규제 수단으로 사용되어서는 안 되지만, 국민의 생명과 건강을 보호하기 위해서는 다단계의 안전 장치를 두고 활용해야 한다. 수입이 불가피한 농산물이나 농산물 가공품에 대해서 사전에 안전성을 확보할 수 있는 제도를 도입할 필요가 있다. 농장확인제와 공장등록제가 좋은 예가 될 것이다. 수입국이 수출국의 특정 농장의 생산과정을 확인하여 수입 절차를 완화해주는 것이 농장 확인제이다. 농산물 가공 공장의 제조 과정에서의 안전성을 인정하여 이 공장 제품의 수입에 우선권을 부여하는 것이 공장등록제이다.

04 해외시장 개척과 국내시장 수성

국산농산물의 국내시장 점유율은 개방화의 진행속도에 따라 요동칠 것이다. 한 · 칠레 FTA 발효 이후 포도 · 돼지고기 · 포도주의 수입량이 큰 폭으로 늘어난 사례에서 보듯이 FTA 확대와 DDA 타결은 국내 농산물시장 판도에 변화를 증폭시킬 것이다.

국내시장의 수성(守城)은 우리 농업의 파이를 지킨다는 의미다. 같은 품목 · 같은 시장에서의 경쟁은 치열한 양상이 될 것이다. 특히 다국적기업이 취급하는 품목은 수세에 몰릴 것이다. 이에 대한 준비와 각오가 필요하다. 「썩세스」 농업의 실현과 품목별생산자단체의 역할이 중요해질 것이다.

지금까지 힘겹게 확보해온 해외시장도 마찬가지다. 일본, 미국, 동남아시아 등의 우리나라 수출시장에서도 경합은 치열해질 것이다. 우리나라의 주종 수출품인 인삼 · 김치 · 장류 등도 값싼 중국산의 진출로 고전을 면치 못하고 있다. 채소나 과일도 국산 종자의 유출로 중국에서 양산되어 싼값으로 수출되고 있어 우리나라 수출의 위협요인이 되고 있다.

수출시장 개척을 위해서는 주종품목의 집중적인 공략으로 기존 시장과 틈새시장을 잠식해 나가야 할 것이다. 소량수출 품목도 고급상품화를 통하여 해외시장의 점유율을 높여나가야 한다. 특히 최대농산물 수출시장인 일본을 비롯하여 중국 · 아세안 국가들을 우선 대상국으로 해야 한다. 아시아보다 서구를 대상으로 하는 탈아입구(脫亞入歐)전략은 입맛 차이로 인한 눈에 보이지 않는 장벽이 있다. 쌀문화권이고 젓가락문화권이고 한자문화권이고 황색문화권이고 유교문화권인 이 지역은 잠재력이 높은 지역이다.

전략측면에서 고려해야 할 것은 블루오션(Blue Ocean)[13)]을 찾아보는 것이다. 새로운 시장을 개척하고 새로운 제품으로 공략하는 것이다. 경쟁 없이 수요를 낳고 수익을 올릴 수 있는 길을 찾는 것이다.

---

13) 김위찬 · 르네 마보안의 「블루오션전략(Blue Ocean Strategy)」에서 현재 존재하는 산업이고 알려진 시장을 레드오션(Red Ocean)이라 하고, 현재 존재하지 않은 산업이고 알려지지 않은 시장을 블루오션(Blue Ocean)으로 나눈다. 레드오션에서는 피나는 경쟁이 있고, 블루오션에서는 경쟁이 없으며 새로운 수요 창출과 고수익의 기회가 있다는 것이다.

PART X

소비자를 위한 맞춤 농업

지적소유권이 자원소유권을 대체하고
지적 정복이 지리적 정복을 대신하는 시대가 왔다.

레스터 서로우
(Lester C. Thurow)

우리나라의 음식 문화 01

앞으로 맞벌이 부부의 증가, 핵가족화와 독신자의 증가 등 가족 행태의 변화는 음식 소비생활에 많은 변화를 초래할 것이다. 두드러진 변화는 ① 간편화, ② 개식화, ③ 외식화, ④ 보신화, ⑤ 미식화, ⑥ 안전화, ⑦ 다양화로 요약할 수 있다.

여성의 사회진출이 늘어나고 가족구성원의 생활이 바빠지고 있다. 식사준비 시간과 처리시간을 줄이는 경향이 나타나고 있다. 이러한 추세에 따라서 가공식품, 조리식품, 인스턴트식품 같은 간편한 식사를 하게 된다. 이러한 간편화 식생활 패턴은 계속될 것이다.

가족구성원들의 생활시간대가 일치하기 어렵기 때문에 각자 다른 시간에 다른 장소에서 식사를 하는 경우가 많다. 이러한 가족구성원 간의 개별적인 식사형태를 개식화(個食化)라 하며, 대용식품이나 간식의 이용이 많아질 것이다. 외식의 증가추세도 더욱 증가할 것으로 예상된다. 우리나라의 가계지출비 중 식료품비는 감소추세에 있으나 외식비 지출은 꾸준히 증가하고 있다. 가정 외부에서의 식사가 증가하는 것은 간편화, 개식화와 관계가 깊고, 외식시장의 성장과도 동반 관계가 있다.

보신화는 건강위주의 식생활 경향을 말한다. 건강식품이나 건강보조식품의 소비가 증가하는 추세다. 콜레스테롤이 적은 음식, 다이어트식품, 미용식품, 청정식품 등에 대한 수요가 증가하고, 무농약농산물, 무첨가물음식, 무인공자연식품이 중요시된다.

식생활에 대한 소비자의 입맛이 고급화되고 분위기와 서비스를 중요시하는 방향으로 변하고 있다.

식생활의 식도락화, 미식선호형 식문화는 앞으로도 더욱 심해질 전망이다.

식품의 안전성에 대한 소비자의 관심이 커지고 있다. 식품오염과 유해식품으로 인한 사고가 빈발하면서 안전한 식품을 찾는 소비자가 많아지고 있다.

신제품의 개발과 수입식품의 유입이 급증하면서 식품 선택의 폭이 넓어지고 있다. 미국시장에서는 매년 1만개 이상의 새로운 식품이 나오고 있다. 다문화사회로의 이행과 그린하우스 보급으로 식품은 더욱 다양해지고 있다. 소품목 다량구매에서 다품목 소량구매 형태로 다양화 되고 있는 것이다.

음식문화는 음식을 통해 나타나는 습관의 총체적인 모습을 말한다. 식사를 하는 자세, 사용도구, 식사순서, 조리방법 등 식사와 관련된 모든 행동이라고 할 수 있다. 다음 표는 세계의 음식문화를 개괄적으로 나타낸 것이다.

표 21 • 음식문화의 비교

	주식	도구	지역
서양	밀	오른손	중동 · 인도 · 아프리카
		칼 · 포크 · 스푼	유럽 · 미주 · 러시아
동양	쌀	젓가락 · 숟가락	한국 · 중국 · 일본 · 베트남
		오른손	동남아 · 서남아

강화된 소비자 권리 02

■■■ 소비자 주권

시장지배력은 생산자 중심에서 소비자 중심으로 이동하고 있으며, 지금까지는 공급자 중심의 유통구조였으나, 점차 소비자의 요구에 따라 가격결정과 제품생산이 이루어지는 소비자 위주의 유통구조로 변하고 있다. 소비자 권리가 강화되고 있는 요소는 ① 소비자의 정보력의 향상, ② 소비자 보호제도의 확충, ③ 소비자 운동의 활성화로 나누어 볼 수 있다.

정보사회의 도래로 소비자의 제품에 대한 가격과 품질의 정보는 크게 향상되고 있다. 인터넷 보급으로 정보입수 채널이 다양해지고 정보능력도 획기적으로 증가하고 있다.

소비자들의 피해를 보호하는 다양한 제도의 도입은 소비자의 권익신장에 기여하고 있다. 제조물책임법은 제품의 결함으로 소비자가 입게 되는 피해를 제조업자가 책임지도록 하는 제도적 장치를 도입하고 있다. 판매자 가격표시제도도 소비자의 권리제고에 기여할 것이다.

농산물의 경우 원산지표시제도, 친환경농산물인증제도, GMO표시제도, 생산이력제도 등도 소비자권리신장을 위한 제도적 장치다.

소비자 운동이 점차 활발해지고 있어 소비자들의 제품에 대한 불만과 의견을 제시할 기회가 많아지고 있다. 소비자보호원과 같은 공공기관 말고도 민간 소비자 단체가 생겨나고 활동도 왕성해 소비자의 권리를 실질적으로 대변해 주고 있다.

앞으로 소비자의 권리와 의견은 더욱 힘을 얻게 될 것이다. 불량제품 판매나 불공정 행위에 대한 감시나 고발이 강화되고 불매운동도 적극적으로 추진될 것이다. 소비자 입장에서 생각하고 소비자 의견을 반영하는 기업과 제품만이 살아남을 수 있는 시대가 온 것이다.

식품에 대한 권리

소비자의 권리는 1962년 케네디 대통령의 특별교서에서 ① 안전권, ② 정보를 제공받을 권리 ③ 선택권, ④ 의견을 들을 권리의 네 가지를 제시한 바 있다.

국제소비자연맹은 1980년 7대 소비자권리를 선언하였고, 이제 소비자운동의 목표가 되고 있다. ① 안전할 권리, ② 알 권리, ③ 선택할 권리, ④ 의견을 반영할 권리, ⑤ 피해보상을 받을 권리, ⑥ 교육을 받을 권리, ⑦ 단체를 조직하고 활동할 권리 등이다

고객맞춤 마케팅 03

양복점이나 구둣방에서 하는 것처럼 판매자가 고객의 구미에 맞춰서 제품을 생산하는 고객맞춤 마케팅(Customized Marketing)이 중요해지고 있다. 앞으로의 생산활동은 소비자와 함께 하는 전략이 필요하다. 소비자의 요구를 파악하여 적극적인 마케팅을 해야 한다.

특히 인터넷에서는 고객점유율을 목표로 장기적으로 관계를 지속해가는 고객관계관리(CRM : Customer Relationship Management) 기법이 사용되고 있다.

CRM은 고객이 원하는 제품과 서비스를 지속적으로 제공하여 고객을 오래 유지하는 고객관리 기법이라 할 수 있다.

소비시장의 양극화에 대한 대응노력도 필요하다. 소비시장은 고가품위주의 시장과 저가품 위주의 시장으로 양분되는 추세에 있다. 중산층이 위축되고 소득과 부의 양극화 현상이 극명해지고 있다. 때문에 고가품이면 고가품, 저가품이면 저가품으로 구분하여 대응하는 자세가 요구된다.

우리 농산물시장에 있어서도 시장차별화 현상이 나타나고 있다. 고가품과 고급품은 백화점 중심으로 납품하고 저가품과 비 고급품은 도매시장이나 직판장에 출하하는 경향이 있다. 인터넷 주문판매도 점차 증가하고 있다. 택배시스템의 발달과 더불어 앞으로 전자상거래가 더욱 활발해질 것이다.

상품의 생산은 품질과 기능의 개선을 통하여 판매하는 단계를 넘어섰다. 소비자의 마음에 드는 상품을 만들어 소비자의 삶의 질을 개선하는데 기여할 수 있어야 한다. 싸고 좋은 물건을 생산하여 팔고 애프터 서비스를 해주는 수준만으로는 충분하지 않게 된 것이다.

예시 13　　식생활에 변화를 가져온 10대 발명품

① 전기밥솥, ② 냉장고, ③ 김치냉장고, ④ 전자레인지,
⑤ 라면(컵라면), ⑥ 즉석가공 식품, ⑦ 택배(배달음식)
⑧ 패스트푸드, ⑨ 자판기, ⑩ 포장지(비닐)

농산물 마케팅 전략

04

농업경영주체는 소비자의 만족과 경영의 목표를 고려하여 마케팅 목표를 수립한다. 마케팅에서는 ① 판매제품(Product), ② 판매장소(Place), ③ 판매촉진(Promotion), ④ 판매가격(Price)을 기초로 의사결정을 하게 된다.

판매제품은 소비자의 선호에 따라 어떤 기능과 형태를 가진 제품을 만들 것인가를 결정하는 것이다. 여기에는 당연히 제품의 품질, 안전성 및 특성이 중시된다. 선별 · 포장 · 서비스도 제품의 판매에 영향을 미친다.

판매장소는 대형유통업체와의 직거래, 도매시장 또는 소매시장 출하, 인터넷판매 등 다양한 유통채널 중 어디를 선택할 것인가의 문제다. 또한 제품의 저장 · 운송 · 보관과정에서 부패 · 오염 · 폐기를 줄이는 것도 중요하다.

판매촉진은 네트워크 구축, 브랜드파워, 각종 표시제가 중요한 역할을 한다. 광고나 소문, 판촉방법도 영향을 미친다. 농산물에도 판촉서비스가 필요한 시대가 되었다.

판매가격은 시장에서의 판매조건, 할인여부, 지불방법 등이 결정되어야 한다. 특히 가격차별화를 통하여 이윤을 높일 수 있다.

농산물 마케팅 전략으로 표적마케팅(Target Marketing)이 중요해질 것이다. 표적마케팅은 시장 분리하기(Marke Segmentation), 시장 목표삼기(Market Targeting), 시장 자리잡기(Market Positioning)의 세 단계를 거치게 된다. 시장에서 확고한 위치를 갖기 위해서는 제품 차별화, 서비스 차별화 및 이미지 차별화가 이루어져야 한다.

특히 전통농업과 구별되는 대안농업의 마케팅 전략으로는 가치부가판매, 회원주문판매, 체험농장판매 등이 부상할 것이다. 가치부가판매는 세척, 가공, 포장, 라벨 등 부가가치를 높여 판매하는 것을 말한다. 회원주문판매는 지역 주민의 계약을 받아 판매하는 지역지원농업(Community-surpported Agriculture)이 대표적이며, 체험농장판매는 소비자가 손수 수확하는 직접 수확농장(U-pick Forms)이 좋은 사례이다.

PART XI

생산자를 위한 농업정치

농업은 세 가지 불리한 점이 있다.
농민은 선비보다 지위가 못하고,
농업은 장사보다 이문이 못하고,
농사는 공장보다 편하지 못하다.

정약용(丁若鏞)

농업정치의 여러 모습 01

정치인의 정당활동과 국회의원의 의정활동뿐만 아니라 농민들이 이익을 침해받을 위험이 있을 때 집단의사표현을 하는 행위와 정치권에 의사표현을 하는 일체의 행위를 농업정치라고 표현해보자.

농업인은 이해관계가 있는 이슈가 있을 때 농업정치활동이 활발해진다. 이슈는 주로 ① 농산물수입개방, ② 농산물가격폭락과 정부수매가인상, ③ 농가부채탕감, ④ 농업재해 및 가축질병 피해보전, ⑤ 협동조합개혁과 관련된 문제들이다.

정치형태는 ① 지역구 국회의원 접촉 또는 지역구의원으로부터의 서명, ② 관계부처, 정당, 국회방문, ③ 국회의원낙선운동 등이 이루어진다. 특히 집단의사표시는 ① 성명서 발표, ② 천막농성과 사무실 점거농성, ③ 보리밭 · 볏단 태우기, 또는 논밭 갈아엎기, ④ 우유방류나 소 방사, ⑤ 농기계 · 차량시위, ⑥ 쌀가마니 야적시위,

⑦ 고속도로 점거 및 시가행진 등으로 나타난다. 집단의사표시는 품목별 단체중심으로 하는 경우와 농민 단체가 연대하여 하는 경우가 있고, 지역단위에서 하는 경우와 상경하여 집단행위를 하는 경우가 있다.

시기적으로는 이슈가 있을 때 하지만 대체로 가을 추수가 끝날 즈음에 전국적인 대규모 상경농민집회가 있게 된다.

농민의 집단행위에 대해서는 두 갈래 상반된 반응이 있다. 하나는 오죽했으면 농민이 봉기하겠느냐는 시각으로 농민과 동조하는 부류가 있다. 다른 하나는 떼만 쓰고 억지만 부리면 되느냐 농민보다 더 못사는 사람들도 많다는 소리를 하는 거부 세력이 있다.

그러나 분명한 두 가지 사실이 있다. 하나는 성공한 농민, 잘 사는 농민은 시위에 가담하지 않는다는 사실이다. 또 하나는 잦은 시위와 폭력시위에 대해서는 반감과 거부감을 낳는다는 것이다.

21세기의 농업정치는 달라져야 한다. 길거리 정치를 청산하고 온라인 정치, 인터넷 정치로 전환되어야 한다. 세(勢) 과시나 이판사판식의 과격시위를 성숙된 시위문화로 정착시켜야 한다. 정부나 국회의 정책결정과정에의 참여를 통하여 의사를 반영시키도록 노력해야 할 것이다.

정치권의 농업정치 02

미국을 비롯한 선진국에서는 농업이 차지하는 인구나 산업비중에 비해서 농업을 보호하고 농민을 대변하는 국회의원 수가 많은 과다대표(Over Representation)현상이 지적되고 있다. 우리나라도 예외는 아니다. 농촌 유권자가 도시 유권자보다 상대적으로 대우를 받는다고 말할 수 있다.

정치권의 농업정치도 이런 과다대표현상에 영향을 받는다. 우선 정당구조를 보면 각 정당마다 정책위원회가 있고 정책위원회에는 몇 개의 정조위원회로 구성된다. 농업문제와 관련된 법안이나 정책 또는 예산안은 정조위원회 → 정책위원회 → 대표 → 위원총회 → 당론의 과정을 거치게 된다. 여당인 경우 정부와의 당정협의를 거친다. 이 과정에서 농업에 우호적인 의원들의 목소리가 크고 농민에게 유리한 결정이 이루어지는 것이 예사다.

국회구성을 보아도 마찬가지다. 농업문제와 정책논의, 법안 · 예산안심의가 이루어지는 농림해양수산위원회 소속의원들은 대부분이 농촌지역출신 의원들이다. 예산안을 다루는 예산결산위원회도 농촌지역구 출신의원들이 많이 포진하고 있다. 이러한 지역구 판도는 예산안과 법률안의 심의 · 통과과정에서 농민의 권익옹호에 직 · 간접으로 영향을 미치게 한다.

이러한 연유로 농업이라는 산업문제를 경제논리가 아닌 정치논리로 풀어가려 한다는 비판의 소리가 있다. 또한 농민이나 농민단체도 정치권에 기대하는 의존관계가 높아지고 있는 것이다. 앞으로 지역불균형, 소득불평등, 기회불공평을 시정하는 차원에서 농업정치가 이루어져야 한다.

농민단체의 농업정치

03

농민단체는 일반농민단체, 품목별단체, 조합형태의 단체로 나눌 수 있다. 일반농민단체는 특정품목이나 특정지역을 기반으로 하지 않고 전반적으로 농민의 이익을 대변하는 단체로서 한국농업경영인중앙연합회, 전국농민회총연맹, 농촌지도자중앙회 등이 있다. 이들 조직은 중앙단위, 도단위, 시 · 군 단위에 조직을 가지고 있으며 영향력이 비교적 큰 농민단체들이다. 한국농업경영인중앙연합회는 농업인 후계자 출신을 회원으로 한 가장 방대하고 영향력이 큰 농민단체이며, 전국농민회총연맹은 영세농 권익보호에 치중하는 임의 단체로서 급진적인 성향이 강하다.

품목별 단체는 낙농, 육우, 양돈, 양계와 같은 축산단체와 친환경농업단체들이 주종을 이루고 있다. 최근 들어 특정품목을 생산하는 이들의 권익보호를 목적으로 설립된 품목별단체의 영향력이 점차 커지고 있다. 조합형태의 농민단체는 농협중앙회와 지역단위 조합 및 품목별 회원 조합이 대표적인 조직이다.

농민단체는 단체 수가 많고 다양한 조직을 가지고 있다. 농민 단체들이 연합하여 농민의사를 대변하겠다는 취지에서 연합회를 구성하고 있다. 현재는 전국농민단체연합회와 농민연대로 양분되어 있다. 전국농민단체연합회는 품목별단체를 주축으로 한 연합단체이고, 농민연대는 전국 농민회총연맹을 중심으로 종교에 기반을 두고 있는 소수의 단체로 구성된 연합조직이다.

정치권에 대한 로비활동이나 영향력 행사는 이들 단체를 통하여 이루어진다. 농민집회나 집단시위도 이들 단체위주로 이루어지고 있으며, 연합조직 간 · 농민단체 간 성향과 노선에 차이가 있다.

그러나 범농민적 관심사에 대하여는 함께 보조를 맞추고, 시민단체까지 참여시켜 한시적인 조직을 결성하기도 한다. DDA협상을 대비하여 결성된 WTO국민연대가 좋은 예이다.

특히 최근 들어서는 농민단체 임원들의 직접정치참여도 활발해지고 있다. 농민운동을 발판으로 지방의회의원, 지방자치단체장, 국회의원으로 입문하는 사례가 늘어나고 있다. 농민단체활동과 경험을 기반으로 농민단체 출신들의 정계 진출이 늘어날 것으로 예상된다.

앞으로 품목별 이익보호를 위한 품목별 농민단체의 활동이 활성화되어야 할 것이다. 전문단체로서 정책대안 제시에 중점을 두어야 할 것이다. 농민단체의 의사표시도 인터넷이용과 정치과정참여를 통한 방법으로 전환해가야 할 것이다.

표 22 • 농민단체 연합조직

농민연합(12단체)	전국농민단체협의회(18)
가톨릭농민회	농가주부모임전국연합회
전국농민회총연맹	대한양계협회
전국농업기술자협회	대한양돈협회
전국새농민회	생활개선중앙회
전국여성농민회총연합	전국버섯생산자협회
한국 4-H본부	전국자두연합회
한국낙농육우협회	전국채소생산자연합회
한국농업경영인중앙연합회	전국한우협회
한국농촌지도자중앙연합회	한국관광농원협회
한국쌀전업농중앙연합	한국단미사료협회
한국여성농업인중앙연합회	한국민속채소생산자협회
환경농업단체연합회	한국사이버농업인연합회
한국양록협회	한국양봉협회
	한국오리협회
	한국인삼경작자협의회
	한국포도회
	한국화훼협회

04 전문지와 농민여론

일간지, TV 등 언론매체들의 농업관련기사에 대한 취급이 점차 소홀해지고 있다. 농민의 여론형성과 여론수렴의 기능이 일반대중매체에서 농업전문매체로 옮겨가고 있다. 대표적인 농업전문지는 한국농어민신문, 농민신문, 농업인신문, 농수축산신문 등이 있다.

농민신문은 농협중앙회에서 발간하는 신문으로서 농협조합원 중심으로 배포되고 있다. 농어민신문은 한국농업경영인중앙연합회가 발간하고 있고 회원인 농업후계자출신들에게 배달된다. 농업인신문은 농촌지도자들을 대상으로 발간되는 전문지이다.

농촌지역의 농민여론주도층은 농업인후계자, 농촌지도자, 농협조합간부들이라 할 수 있다. 이들은 소속 농민단체로부터 주1회 또는 2회 배달된 전문지로부터 농업정보와 농업문제에 관한 기사를 접하게 된다. 전문지는 농촌의 농민여론 주도층에게 영향력 있는 정보원이 되고 있으며, 농민여론을 수렴하는 중요한 역할을 하고 있다.

유일하게 위성 TV농업방송이 있으나 위성TV수신기를 설치해야 시청할 수 있기 때문에 농업인들의 접근성에 제약을 받고 있다. 앞으로 농민의 전용방송이 절실하기 때문에 농업방송을 케이블방송으로라도 시청할 수 있도록 해야 할 것이다.

농업전문지는 품목별로 전문신문 또는 잡지가 발간되고 있다. 이런 전문매체는 전문지식과 정책정보 등을 취급하고 있으며 농업인의 농업경영에 도움을 주고 있다. 그러나 시장으로서 매력이 없기 때문에 상업용 농업전문매체는 황무지나 마찬가지다.

앞으로 소속단체회원 중심으로 배포되는 기관지 성격의 전문지뿐만 아니라 상업용 전문지와 TV 채널이 활성화될 수 있도록 토양을 마련해야 할 것이다.

농수축산신문은 농민신문, 농어민신문, 농업인신문 등과는 달리 특정집단을 위한 신문이 아니고 전국 농어민과 농업부문 취업인을 상대로 발행하는 전문상업지이다. 농수산무역신문은 농수산분야 전문지와는 구별되는 전문지 중의 전문지다. 농수산물 무역업에 종사하는 국제유통인, 수출용 농수산물을 생산하는 생산농어민, 국산 농수산물을 가공 및 제조하는 기업형 농장이나 공장, 농업정책의 개발과 집행 및 농어민에게 기술지도와 농수산업 지원업무를 하는 분들에게 다국적 무역정보와 시장속보를 제공하고 있다. 농수산식품무역협회 회원들과 농수산무역대학 학생들을 위한 전문 칼럼은 해외시장에의 도전정신과 시장선점의 비법과 지혜를 제공하고 있다.

PART XII

시장개방을 위한 무역협정

지금까지 개방한 나라는
성공하기도 하고 실패하기도 했지만,
문을 닫고 성공한 나라는 없었습니다.
우리 대한민국이 세계 10위권의 경제로
올라선 데에도 개방의 힘이 컸습니다.

노무현 전 대통령

DDA와 FTA 01

국가간 상품과 서비스 이동에 대한 무역장벽을 완화하거나 철폐하여 무역자유화를 실천하는 무역협정은 두 경로를 통하여 체결된다. WTO체제 속에서 추진되는 다국간 무역협정과 지역단위에서 시도되는 무역협정이 있다.

현재 WTO의 주도로 149개국이 참여하여 진행중인 DDA협상이 전자의 경우고, FTA협상이 후자의 사례다. 다자주의는 많은 나라가 참여하기 때문에 이해관계가 복잡하여 합의가 지체되는 단점이 있다. 이를 보완하기 위하여 지역주의를 함께 추구하게 된다.

다국간 협정이든 지역 내 협정이든 기본적인 원칙이 있어야 한다. 그것은 자국이익흥정의 원칙(principle of self-interested bargaining)이 아니라 모두에게 공평한 무역의 원칙(principle of fair trade for all)[14]이다. 구체적으로는

---

14) Joseph E. Stiglitz와 Andrew Charlton는 2005년에 출간한 "모두를 위한 공정무역(Fair Trade for All)"에서 DDA협상에서 강조되어야 할 4개의 원칙을 제시하였다. 첫째는 모든 협정은 개발에 미치는 영향으로 평가되어야 하고, 둘째는 모든 협정은 공평해야 하며, 셋째는 모든 협정은 공평하게 끝나야 하고, 넷째는 모든 의제는 무역과 관련되고 개발에 도움이 되는 이슈여야 한다는 것이다.

(1) 어떤 협정이든 결과가 공평해야 한다. 경제력이 아니라 원칙에 의해 지배를 받고, 협상결과가 공정해야 한다.
(2) 모든 협정이 절차가 공평해야 한다. 협상과정이 공개되고 투명해야 하며 토론절차를 거쳐 결말이 나야 한다.
(3) 협상 안건은 무역과 관련된 문제여야 한다. 협상범위를 확대하지 말고 무역과 직결된 문제로 제한해야 한다.

DDA협상 동향

도하 개발 어젠다(Doha Development Agenda)는 GATT와 WTO 주관으로 추진되고 있는 아홉 번째의 다국간 무역자유화협상이다. 도하선언은 개발도상국의 빈곤을 완화하기 위하여 개발도상국에게 무역기회를 증진한다는 점을 강조하는 의미에서 개발 라운드(Development Round)라고도 한다.

DDA는 2001년 11월 14일, 140개국 각료들이 카타르 도하에서 새로운 다국간 무역자유화 협상을 개시하기로 합의한 후 도하선언(Doha Declaration)이 채택되었다. 그러나 DDA협상은 정상궤도에서 벗어났다. 2년 뒤인 2003년 9월 멕시코 칸쿤에서 열린 제5차 각료회의도 성과를 거두지 못했고, 다시 3년이 지난후 2005년 12월 제6차 각료회의가 홍콩에서 개최되었으나 돌파구를 마련하지 못했다.

농업분야 협상은 기본골격(framework)이 2005년에 제시되었으나, 2006년 상반기까지 세부원칙(modalities) 합의에 실패하였다. 모델리티 합의를 위한 특별위원회가 제네바에서 2006. 6. 28~7. 1

일에 걸쳐 열렸으나 모델리티 초안은 채택되지 못했다. 이 초안도 미국, EU, G-20[15], G-10들이 제안한 내용들을 단일안으로 조정하지 못한 것이었다.

교착상태에 있는 DDA협상을 타개하기 위해 G-6[16]그룹 6개국이 2006년 7월 23일부터 이틀간 제네바에서 회동하였으나 입장차이를 좁히지 못하고 끝났다. 미국의 농업보조금 감축폭 확대, EU의 농산물 관세 인하율 확대, 개도국의 공산품 관세 인하율 확대 요구 등 3대 쟁점이 해결되지 못한데 기인한다고 전해졌다.

DDA협상은 당초 2004년까지 종결짓는다는 방침이었으나 2007년까지로 연장되었다. 변경된 일정도 앞으로 지켜지기 어려울 것으로 전망된다. 주요국가간 이해관계와 국내 정치 사정이 겹쳐 조속한 타결을 기대할 수 없기 때문이다.

도하 라운드의 붕괴는 양국간 및 지역적 무역협정을 촉진시키는 계기가 될 것이다. 다국간 무역체제의 정신이 퇴색되고 양국간 무

---

15) G-20은 개도국 그룹으로서 아르헨티나, 볼리비아, 브라질, 칠레, 중국, 콜롬비아, 코스타리카, 쿠바, 에콰도르, 이집트, 에살바도르, 과테말라, 인도, 멕시코, 나이지리아, 파키스탄, 파라과이, 페루, 필리핀, 남아프리카, 태국, 베네주엘라 등이 여기에 속한다.
G-10은 국내 농업보조를 하고 있는 선진국으로 이 그룹에는 불가리아, 아이슬랜드, 이스라엘, 일본, 한국, 리히텐슈타인, 마우리티우스, 노르웨이, 스위스, 대만 등이다.

16) G-6는 미국, EU, 일본, 인도, 브라질, 호주가 포함된다. WTO 협상에서 이외에 활동하는 그룹은 G-5, Quad, Big Two, Big Three,G-33, Cairns Group 등이 있다.
Big Two는 미국과 EU, Big Three는 미국, EU, 일본이며, Quad는 미국, EU, 인도, 브라질이고 G-5그룹은 미국, EU, 일본, 인도, 브라질이고 G-33그룹은 특별품목 친구들이라 하는데 중국, 터키, 인도네시아, 인도, 파키스탄과 아프리카, 남미, 아시아 일부 국가들이 포함된다.
케언즈 그룹은 자유시장과 자유무역을 지지하는 국가들로서 아르헨티나, 호주, 브라질, 캐나다, 뉴질랜드, 인도네시아, 태국, 칠레, 말레이시아, 우루과이, 남아프리카 등이다.

역협상위주로 나갈 경우, 미국과의 일 대 일 협상은 불공정한 다국간 협상결과보다 더 불리한 결과를 가져올 가능성이 클 것이다.

예시 14　농업세부원칙 특별위원회 상정초안

시장접근

1. 관세감축을 위한 구간별 공식(tierde formula)
   - 관세는 고정관세수준에서 매년 일정하게 감축하고, 고정관세 또는 종가상당액(ad valorem equivalent)이
     - 0% 이상 20~30% 이내는 20~65% 감축
     - 20~30% 이상 40~60% 이내는 30~75% 감축
     - 40~60% 이상 60~90% 이내는 35~85% 감축
     - 60~90% 이상은 42~90% 감축
2. 관세상한(tariff cap)
   - 고정관세가 75~100% 이상일 경우 그 수준까지 감축
3. 민감품목(sensitive products)
   - 민감품목수는 농산물품목수의 1~15% 이내로 제한
4. 특별우대(special and differential treatment)
   - 개도국은 전체농산물수의 20%까지 특별품목(special products)을 지정

- 개도국의 특별보호장치(special safeguard mechanism)는 발동 수입량과 가격을 별도 결정

※ 국내보조 및 수출경쟁 부분의 개도국 특별우대 항목은 생략

국내보조

1. 총국내보조액(total AMS)
   - 총 AMS가 250억불 이상이면 70~83% 삭감
     150억불 이상 250억불 이하면 60~70% 삭감
     150억불 이하면 37~60% 삭감
2. 품목별 AMS 상한(product-specific AMS caps)
   - 품목별 AMS는 기준기간중 보조액 평균으로 제한
3. 최소허용보조(de minimis)
   - 최소허용보조는 50% 또는 80% 감축
4. 허용보조(blue box)
   - 직접지불액중 총 AMS 계상에서 제외되는 경우는 고정된 면적과 수량을 기초로 한 생산제한 지불
   - 허용보조의 상한은 기준기간 농업생산액 평균의 2.5% 이내로 제한

수출경쟁

1. 수출보조
   - 선진국은 2013년까지 수출보조를 폐지
2. 수출신용, 국영무역기업, 식량원조에 대한 구체적인 내용은 유보

FTA 추진동향

우리나라의 FTA는 다른 경쟁국보다 늦게 추진한 것을 만회하여 국제경쟁력 향상과 세계시장 확보를 위해 적극적 · 포괄적 · 동시다발적인 방식을 택하고 있다. 자유무역협상 진척상황은 다음과 같다.

- 협정체결(4) : 한 · 칠레, 한 · 싱가포르, 한 · EFTA, 한 · 미 FTA
- 협상진행(3) : 한 · ASEAN, 한 · 캐나다, 한 · 인도 FTA
- 협상준비(5) : 한 · EU, 한 · MERCOSUR, 한 · 중, 한 · 호주, 한 · 뉴질랜드 FTA

우리나라 최초의 FTA인 한 · 칠레 자유무역협정은 2002년 10월에 타결되고 2004년 2월 국회비준을 거쳐 2004년 4월부터 발효되었다. 농산물 분야 주요내용은 1,432개 품목 중 224개는 즉시 관세철폐, 373개는 DDA이후 논의, 쌀 · 배 · 사과는 관세철폐 예외, 나머지는 10년 내 관세를 없앤다는 것이다.

한 · 칠레 FTA를 계기로 경쟁력 향상과 구조조정 촉진을 돕기 위하여 "FTA체결에 따른 농어업인 등의 지원에 관한 특별법"을 2004년에 제정하였다. 이 법에 의하여 1조 2천억원의 기금을 조성하여 지원하게 되었다.

FTA를 체결하면 WTO에 등록하게 되며, WTO에서 인정하는 요건이 있다.

① 모든 상품의 교역을 무역대상으로 설정하고
② 관세 및 비관세 무역규제를 일정기간내 폐지하여야 하며
③ 역외국에 대한 무역규제가 협정체결 이전보다 후퇴하지 않아야 한다.

FTA의 경제적 효과는 긍정적인 효과와 부정적인 효과로 나눌 수 있다.

긍정적인 면은

① 무역창출(trade creation): 관세철폐로 역외국에 비해 상대적으로 교역증가
② 무역전환(trade diversion): 수입선이 역외국에서 역내국으로 대체
③ 구조조정(structural adjustment): 분업화와 전문화로 역내국끼리 산업재편과 규모경제 촉진
④ 효율증진(economic efficiency): 경쟁효과로 경제 효율성 향상과 시스템 선진화
⑤ 거시경제 동조화(microeconomic synchronization) 등을 들 수 있다.

부정적인 효과는

① 취약부문의 퇴출로 실업자 양산과 구조조정 비용
② 부문간 · 계층간 · 지역간 불균형과 사회갈등 유발
③ 일방주의에 의한 공정경쟁 훼손과 시장왜곡

④ 지역주의 확산 등으로 분류해 볼 수 있을 것이다.

그러나 자유무역협정의 효과를 경제적 관점에서만 볼 것이 아니라 정치적 측면에서도 고려해 보아야 할 것이다. 정치적 영향력에 따라 음양으로 영향을 받을 수도 있기 때문이다. 경제적으로도 당사국간 경제구조, 경제규모, 경제정책 등에 따라서 그 효과는 달라질 것이다.

한미 FTA 협상타결

02

한미 자유무역협정(KORUS FTA)이 2007년 4월 2일 타결됨으로써 94년 세계무역기구(WTO) 가입, 96년 경제협력개발기구(OECD) 가입에 이어 한국 경제는 실질적인 글로벌화의 흐름을 타게 된 것이다. 정부는 세계 최강의 경제대국인 미국과의 FTA체결이 한국 경제에 도약의 계기가 될 것이라는 낙관적인 전망을 하고 있다. 그러나 한미 FTA의 긍정적인 효과 못지않게 부작용과 위험요인을 안고 있는 것도 사실이다.

농업분야가 개방에 따른 피해와 구조조정이 예상되는 가장 취약한 부문으로 꼽히고 있다. 세계 최대의 농산물 수출국과 무역장벽이 없어지거나 낮아지면 치명적인 피해와 위축이 불가피하게 될 것이다. 실제로 한국의 농산물 관세율 수준이 미국의 그것보다 4배나 높은데도 미국산 농산물 수입규모는 대미 농산물 수출규모보다 10배가 많다.

앞으로 미국시장과 국내시장에서 미국산 농산물과 경쟁이 더욱 치열해지고 미국산의 점유율이 더욱 높아질 것이다.

정부는 ① 쌀은 양허제외, ② 전체 품목의 10% 이상 예외적 취급을 받거나 15년 이상의 관세철폐기간 확보, ③ 민감도가 낮은 품목은 10년까지 차별적으로 관세철폐, ④ 국내 영향이 없거나 대부분 수입에 의존하는 품목은 즉시 관세를 철폐하는 협상성과를 가져왔다고 발표하였다. 이로 인한 피해규모는 어느 개방조치보다 클 것으로 예상되며, 무엇보다 농업인의 희망상실과 의욕상실이 우려되는 부분이다.

소비자에게는 상품선택의 폭이 커지고 구입가격이 낮아져 개방혜택이 돌아가지만, 생산자에게는 소비대체로 인한 생산감소, 생산위축으로 인한 소득감소, 소득감축으로 인한 농업포기, 농업폐업으로 인한 실업증가, 실업양산으로 인한 사회갈등이 심화될 것이다. 피해농가에 대한 피해보전, 구조조정 및 생계지원 등 개방충격의 완충비용도 증가할 것이다. 한편 농업자원의 유휴화, 농업관련산업의 동반추락, 농업사회의 해체와 농촌환경의 피폐화 등으로 초래되는 사회적 비용도 무시할 수 없을 것이다.

무역자유화 진척으로 비관적인 미래만 있는 것이 아니다. 먹고 먹히는 경쟁관계에서 서로 이익을 보는 공생단계로 발전한다면 희망이 있다. 그것도 한쪽만 이익을 보는 편리공생(片利共生, commensalism)이 아니라 양쪽 모두 이익을 보는 상리공생(相利共生, mutualism)가 형성된다면 미래는 있다. 농업에 대한 지원도 이러한 새로운 질서가 유지되도록 방향을 설정해야 할 것이다.

표 23 • 한 · 미간 수출입과 관세율

	관세율	수출입	주요품목
대미수출	3.7%	42,849백만불	
(농산물)	(12)	(285)	로얄제리(43), 라면(41) 담배(36), 배(15)
대미수입	11.6%	26,783백만불	
(농산물)	(52)	(2,765)	옥수수(782), 콩(374) 밀(274),오렌지(142)

자료 : 농림부, 농림업주요통계(2005)

예시 15 농산물 양허내용

양허유형	양허품목
관세율 조정	
즉시관세철폐	밀, 사료용 옥수수, 대두, 면화, 아몬드, 커피, 피스타치오, 위스키, 포도주, 건포도, 포도쥬스, 체리, 오렌지쥬스, 냉동 프렌치프라이, 냉동 오렌지 쥬스농축액, 애완동물 사료, 라면, 오이, 가지, 호박, 소주, 양배추 등

양허유형	양허품목
2년 내 관세철폐	아보카도, 레몬, 건 자두, 해바라기씨 등
5년 내 관세철폐	식품 조제품, 초콜릿과 초콜릿 과자, 사탕옥수수, 조사료, 빵, 자몽, 마른 버섯, 당근, 배추 등
7년 내 관세철폐	살구, 팝콘용 옥수수, 토마토, 아이스크림 등
10년 내 관세철폐	돼지고기, 복숭아, 감, 냉장 닭고기, 치즈, 버터, 유장, 혼합분유, 조제분유, 무, 된장 등
12년 내 관세철폐	수박, 참외, 냉동양파, 통닭 등
15년 내 관세철폐	보리, 팥, 녹두, 고구마, 메밀, 귤, 키위, 쇠고기, 계란, 신선양파, 신선생강, 참깨, 잣, 밤, 호두 등
20년 내 관세철폐	후지 사과, 동양 배 등
현행관세 유지	식용대두, 식용감자, 천연꿀, 오렌지 (9~2월) 등
예외적 취급	
수입쿼타	식용대두, 식용감자, 천연꿀, 오렌지, 분유
계절관세	포도, 오렌지, 칩용감자
세이프가드	쇠고기, 돼지고기, 사과, 고추, 마늘, 양파 등
양허제외	쌀

자료 : 농림부, USTR

미국농업과 공존질서

03

개방에 대한 정부대책은 판에 박힌 처방전이다. WTO의 UR협상 타결에 맞춰 마련한 대책이 칠레와의 FTA후속대책에서도 반복되고 있다. 피해농가에 대한 피해액 보전, 폐업 및 전업 지원, 경쟁력 제고 대책, 후생 복지혜택 증진 등 포괄적인 정책을 추진해 왔다. 재원마련을 위해 특별법을 만들고 목적세까지 신설하여 지금까지 막대한 투융자를 해왔다. 그럼에도 불구하고 농업구조조정을 통한 경쟁력 향상은 가시적인 성과가 없으며, 농업경영은 취약하고 농가살림은 여전히 궁박하다. 개방을 발전의 전기로 활용하지 못한 것이다.

신시장의 개척원리

미국과의 FTA체결은 국내농업이 환골탈태(換骨奪胎)할 수 있는 마지막 기회가 될지 모른다. 양국의 농산물시장 쟁탈전은 프라이급과 헤비급의 대결이 되겠지만 최선의 길을 찾아야 한다. 미국농업의 허점을 찾아 공략하는 수법이다. 네 가지 관점에서 찾을 수 있을 것이다.

첫째, 품목별 자급도를 보아야 할 것이다. 미국 내에서 생산이 안 되거나 수입에 주로 의존하는 품목을 찾는다.

둘째, 품목별 안전도를 비교해 보아야 한다. 농산물의 안전성이 높고, 높일 수 있다면 소비 경쟁력이 있는 것이다.

셋째, 품목별 신선도를 점검해 볼 필요가 있다. 신선한 농산물을 공급할 수 있을 때 소비자에게 접근하기 쉽기 때문이다.

넷째, 소비자의 기호도를 감지해야 한다. 소비자의 구미를 알면 신품목, 신제품, 신시장 확보가 가능해진다.

■■■ 체계적인 경영관리

신수요를 창출하고 신시장을 개척하기 위해서는 새로운 농작물의 선택, 신선하고 안전한 품질유지, 저투입 저비용 생산을 통해 소비자의 취향에 맞는 상품을 싼 가격으로 공급할 수 있도록 해야 한다. 상품성과 생산성을 높이기 위해서는 단계별 관리기법에 대한 개발, 교육 및 실천이 필요하다. 품질과 수량에 영향이 큰 관리대상은 일곱 가지로 정리할 수 있다.

① 기상관리(온도, 햇빛, 습도, 바람)

② 수분관리(영양공급, 온도조절, 잡초억제, 병해예방, 염류조절)
③ 양분관리(휴경, 퇴비, 화학비료, INM)
④ 잡초관리(화학요법, 생물요법, 물리요법, IWM)
⑤ 질병관리(곰팡이, 박테리아, 바이러스, 진균, IPM)
⑥ 해충관리(화학적 통제, 생물적 통제, 물리적 통제, IPM)
⑦ 환경관리(생물다양성, 야생서식처, 자연경관)

미국농업의 특징은 ① 대규모 영농을 통한 규모경제의 실현, ② 농약, 비료, 기계 등의 고투입 및 고장비 영농, ③ 농업관련기업의 발전과 GMO종자 개발 및 재배 확대, ④ 세계 최대 농산물 수출국이자 세계 최대 농산물 수입국, ⑤ 곡류, 육류 중심의 농업이라고 할 수 있다.

식품 안정성에 대한 관심이 높으면서도 유기농업이 상대적으로 부진하고 유전자변형작물에 관대한 편이다.

유기농업과 GAP

신선도, 안전도 및 기호도에 부응하기 위해서는 곡류와 육류보다 채소, 과일 중심으로 유기농업과 GAP(Good Agricultural Practices) 농법을 확대해 가야할 것이다.

유기농업은 생물다양성, 생물적 순환 및 토양생물의 활동을 증진시키는 생태적인 생산관리체제라고 정의할 수 있다. 유기농업에서 최소한 준수할 기준이 있다.

① 윤작

② 녹비작물의 재배

③ 저항성 품종의 선택

④ 화학비료 · 농약 · 제초제 및 공장식 축산분뇨의 사용금지

⑤ 자연순환농법의 적용

⑥ 유전자변형 생물 사용금지

⑦ 유기축산 : 유기사료 이용, 동물복지 배려, 사료첨가제 · 성장호르몬제 · 동물의약품 사용금지, 가축밀도 준수

⑧ 농장계획, 검사 및 기록유지

GAP는 안전하고 건강에 좋은 농산물을 지속적으로 생산하기 위하여 생산현장과 수확 후 과정에서 적용하는 일련의 원칙과 방법을 말한다.

예시 16　　GAP 농법

토양관리

- 바람과 빗물에 의한 토양유실 예방
- 적기적량의 비료와 농약의 사용
- 토양의 물리적, 화학적 구조의 유지
- 유기물 함량과 생물학적 활동 증진

용수관리

- 농토의 수분흡수 제고와 지표수 유출의 억제
- 토양구조와 유기물 함량의 유지를 위한 물관리
- 수분상태와 관개수 조절로 토양염분화 방지
- 물순환기능과 지하수면의 적절한 관리

작물과 사료생산

- 재배할 작물과 품종의 특성에 따른 최적 선택
- 노동과 장비의 이용, 잡초와 질병 통제를 고려한 작물배치
- 영양보충 주기와 균형상태를 감안한 시비
- 가축과 작물 및 초지의 연계와 가축이 제공한 영양의 순환 이용

작물보호

- 해충과 질병의 생물방제, 저항성 강한 품종 및 작물 배치
- 해충과 질병의 예측기술과 유기적 통제활동 적용
- IPM적용과 화학제품의 사용감축
- 화학제품의 안전사용기준 준수 및 농약사용 기록유지

동물생산

- 풍경, 환경, 동물복지와 조화를 이루는 위치 선정
- 초지, 사료, 물 및 대기 오염원 제거
- 동물약품 잔류와 사료에 함유된 농약성분의 식품전이 예방
- 축산과 경종을 통합하여 쓰레기 발생, 온실가스 방출억제

동물건강

- 초지, 사료, 축사관리를 통한 감염 예방
- 동물취급기술 습득, 치료상담 및 위생기준 준수
- 병들거나 다친 동물을 조기 치료와 합법적인 약품구입 및 사용
- 질병발생, 치료 및 폐사의 기록유지

동물복지

- 깨끗한 물과 사료의 공급과 잘 보살핌
- 정식 치료요법이 아닌 수술이나 괴롭힘 방지
- 산동물의 가축시장 이동 자제 및 격리를 피하고 무리형성

수확, 가공 및 저장

- 수확 전 농약살포 금지기간과 동물약품 사용기간 준수
- 안전한 가공처리와 깨끗한 물 및 세제 사용
- 온도, 습도 및 위생적인 환경에서 저장하고 포장
- 인도적인 도축방법 이용과 수확 후 관리과정 기록

에너지와 쓰레기 관리

- 효율적인 사용계획과 안전한 처분계획 수립
- 에너지 절약과 화석연료 대체 물질 활용
- 부산물의 재활용과 폐기물의 최소화 및 안전한 처분
- 농약과 비료의 안전한 보관, 에너지 사용 기록

인간복지, 건강 및 안전성

- 노동자의 임금과 작업시간 준수, 건강혜택 및 근무환경 개선
- 도구와 기계의 안전한 사용과 작업절차의 이행
- 작업인부의 위생교육과 위생시설의 제공
- 지역상인으로부터 자재구입

야생동물과 경치

- 야생동물 서식지와 자연경관 보존
- 영농과 농약으로 인한 야생생물 영향 최소화
- 유해 잡초 관리와 다양한 동식물 번식 촉진
- 수로와 습지의 관리와 농장에 서식하는 동식물의 조사 및 보호

04 시장개방 안정장치

농가유형별 정책대응

효율적인 농가지원을 하자면 정책대상인 농가에 대한 성격과 특성을 알아야 한다. 농가의 분류는 지금까지는 규모를 기준으로 대농과 소농, 임차 여부에 따라 소작농과 자영농, 집중 여부를 기초로 전업농과 겸업농 등으로 구분해 왔다. 농업의 정착의사에 따라 새롭게 분류할 필요가 있다.

첫째, 농업에 새로 종사하는 농가를 신규진입형 농가라 하고 이를 다시 청년진입농가와 고령진입농가로 구분한다.

둘째, 농업을 계속할 농가를 농업유지형 농가라 한다. 이 유형의 농가는 확대지향농가와 축소지향농가로 분류한다.

셋째, 농업을 포기할 농가를 농업포기형 농가로 구분하고 이 부류의 농가는 농촌거주형과 농촌이탈형으로 양분한다.

농업진입형농가 중 청년진입농가에 대해서는 농업창업을 보장하고 농업경영인 선발이나 자금지원 등 정책지원에서 기존 농가와의 차별적 대우를 제거한다. 퇴직이나 은퇴 후에 여가로 농업에 종사하려는 노령 진입농가에 대해서는 농업취업을 지원하되 핵심농가 육성대상에서는 제외한다.

농업확대지향형 농가군이 농업의 주류세력이 되도록 농업지원에 있어서 최우선 순위를 두고 규모 확대를 후원한다. 축소지향형 농가는 단기적인 지원에 주력하되 농업자원이 확대지향형 농가로 이전되도록 유도한다.

농업을 포기할 농가는 취업알선 또는 생계지원 등 농업 이외의 지원책을 강구하고, 농업자원이 신규진입농가와 농업확대농가에 전수될 수 있도록 한다.

농업지탱 4대지주

본격적인 시장개방에서 경쟁하고 생존할 수 있는 안정장치를 조속히 구축하는 것이 선결과제다. 미국시장과의 통합은 글로벌화의 완결판이라 해도 무리가 아니다. 위기의 국면에서 좌절하고 절망할 것이 아니라 새로운 상품과 새로운 시장을 찾는 자구노력을 한다면 호기로 삼을 수 있을 것이다. 농업의 서바이벌 게임에 대비하여 체력관리를 강화하고 공격전략과 방어작전을 치밀하게 짜야 한다.

① 기업보장시스템

농업을 창업하거나 농업을 확장하거나 농업을 변모시키려는 기업(起業)활동을 보호할 안정장치를 마련한다. 기업(起業)이란 창의성과 독창성을 가지고 새로운 사업을 하거나 새로운 변화를 추진하는 것을 의미한다. 기업활동을 도울 수 있도록 농업정책의 폐쇄성을 탈피하고, 자금지원 규모와 조건을 파격적으로 운용한다.

농업과 연관된 2차산업이나 3차산업까지 사업영역이 확대될 수 있도록 지원범위도 확대한다. 수출시장 개척과 수출상품 개발에도 획기적인 지원대책을 마련한다. 궁극적으로 농업의 경쟁력은 사람에 달려 있으므로 우수한 인력을 유치하기 위한 유인책도 필요하다.

② 소득안정시스템

소득안정직불제도를 확충하여 수입증가, 재해발생, 가격파동 등으로 소득감소분을 실질적으로 보전할 수 있도록 한다. 직접지불제도도 다양한 종류로, 소수 농민에게 소액씩 지불되는 현재의 형태를 대폭 개선하여 실질적으로 정책목표를 달성하고 농가에도 도움이 되도록 해야 한다.

소득안정직접지불제도는 농업경영의 위험을 보전함으로써 신규진입농가와 농업유지농가에게 농업경영안정을 보장하는 안정장치여야 한다. 농업포기농가에 대해서는 경영안정이 아니라 생활안정을 위한 특별생계비지원이나 노후생활 보장대책을 찾아야 한다.

③ 식품안전시스템

외국산 농산물과의 차별화가 시급하다. 국산 농산물은 신선도와 안전도 면에서 유리한 위치에 있다. 국산 농산물은 절대로 안전하다는 믿음을 갖도록 소비자의 신뢰를 얻어야 한다. 농업인은 생산과정의 투명화 장치, 자가 품질관리 강화, 인증제와 리콜제의 엄격한 적용이 필요하다.

정부에서도 유기농업의 활성화, GAP농법의 실천, 농산물 안전기준 확대 설정, 생산 및 유통과정의 검사제 강화, 유통과정에서 생산이력을 추적할 수 있는 생산이력제도의 표준화와 확대 실시 등을 통하여 국산 농산물의 안전도를 보증해야 한다.

④ 환경보전시스템

생물종의 다양성(biodiversity), 야생 서식처(wildlife habitats), 자연경관(landscape) 등 농업의 환경보전기능을 이행하여 농업이 환경에 기여하는 긍정적인 환경영향을 이해시켜야 한다. 농업의 다원적 기능을 자율적으로 관리할 수 있도록 해야 한다.

OECD[17]의 농업을 위한 환경지표(OECD Agri-environmental Indicators)를 구체화하여 실천하는 것이 필요하다. 농업으로 인한 환경오염과 환경파괴에 대한 규제도 강화하여 농업환경의 부가가치를 높여야 한다. 농업활동의 공익적 효과를 최대화하고 사회적으로 수긍할 때 농업에 대해 지지세력이 넓어지게 된다.

---

17) OECD는 농업과 환경과의 상호관계를 측정하기 위해 농업을 위한 환경지표를 개발하여 회원국들이 농업과 농업정책을 통하여 환경에 대해 기여하는 정도를 평가하고 있다. 주요 지표는 비료사용, 농약사용, 물사용, 땅사용, 토질, 수질, 온실가스, 종다양성, 야생서식처, 경관, 농장관리, 재원, 사회문화적 이슈를 포괄하고 있다.

예시 17 캐나다의 농업소득안정제

농업소득안정제(CAIS; Canadian Agricultural Income Stabilization)는 기상, 질병, 가격하락으로부터 소득손실을 보호하기 위한 생산자 지원제도이다.

생산자는 기준이익금(reference margin) 중 1000불당 4.50불을 예치하고, 관리비용으로 계좌당 55불을 수수료로 납부한다. 이렇게 적립한 돈은 농가소득이 과거 평균소득보다 떨어질 경우 일정수준 되돌려 받는 장치다.

생산마진(production margin)이 기준마진(reference margin)보다 적을 때 자기가 선택한 보호수준에 따라 지불금을 받게 된다. 생산마진은 소득에서 비용을 공제한 것이고, 기준마진은 과거 5년간 소득중 최고치와 최저치를 제외한 3년간의 평균 생산마진을 말한다.

보호수준은 생산자가 선택하며, 선택범위는 세 가지 구간으로 나눈다.

1. 최고보호수준(maximum protection): 생산마진과 기준마진의 차액을 100% 보전
2. 중간보호수준(medium protection): 85% 보전
3. 최저보호수준(minimum protection): 70% 보전

[예]

기준마진 60,000불, 생산마진 50,000불인 경우,

최고보호수준(MaxPr) : 납부액은 270불(60,000×.45×100%)과 관리비 55불로 합계 325불이며, 지급받는 금액은 10,000불(60,000−50,000)이다.

최저보호수준(MinPr): 납부액은 325불, 지급액은 7,000불

PART XIII

제자리를 찾아야 할 농협

13억의 곱셈법과 나눗셈법을 소개한다.
아무리 작은 것도 13억을 곱하면
굉장히 큰 것이 된다.
아무리 큰 것도 13억으로 나누면
형편없이 작은 것이 되어버린다.

원자바오(溫家寶)

농민의 농협 불신 01

농협의 조직과 업무

농민의 자조조직인 농협은 240만 조합원이 출자하여 설립한 1,187개 일선조합과 중앙회로 구성되어 있다. 직원은 모두 75천명에 달한다.

중앙회는 자회사 25개, 시도본부 16개, 시군지부 156개, 금융점포 900개를 가지고 있다. 여기서 근무하는 직원은 18천명이며, 신용사업에 14천명, 경제 및 교육사업에 4천명이 종사함으로써 인력의 약 80%가 금유업무에 투입되고 있다. 사업규모는 07년 기준 경제사업 10.5조원, 신용사업 수신 120조원이고, 당기 순이익은 1.25조원이다.

일선조합은 지역조합 1,105개, 품목조합 82개로 전체 조합은

1,187개에 달한다. 일선조합 직원은 57천명이며, 조합당 50여명이 근무하고 있는 셈이다. 사업규모는 경제사업 30조원, 신용사업 잔액 145조원이다. 사업수지는 신용사업 20,619억원의 흑자, 경제사업 8,241억원 적자로 나타나 당기 순이익은 1.24조원(조합당 10억원)의 실적을 올렸다.

농협에 대한 농민불신

농협은 여러 가지 측면에서 비난을 받고 있다. 농민의 권익을 위한 조직이 아니라 직원의 이익을 위한 조직이고, 농민은 빈곤해 지는데 농협은 비대화되고 농협 직원들은 귀족화되고 있다는 소리가 높다. 농협은 금융기관으로 전락했고, 경영개선을 핑계로 농민에게 부담을 전가하고 있다는 것이다. 농업용 비료, 농약 및 자재 공급도 판매마진이 높은 품목만 취급하고 있고, 상인과의 결탁, 대출비리, 불량 농산물의 납품 등 부정한 행위가 비일비재하다는 지적도 많다.

한 문장으로 농민의 응축된 불만을 표현한다면, "농협은 농협인에 의한, 농협인을 위한, 농협인의 협동조합으로 전락했다."는 것이다. 농협이 "조합원에 의한, 조합원을 위한 위한, 조합원의 협동조합으로 돌려놔야 한다."고 소리를 높여왔다. 감독기관도 개혁의 절박성을 알고 개혁을 시도하였으나, 전부를 관철시키지는 못하였다.

특히 신경분리문제는 연구, 논의 및 검토만 해왔으며, 농협개혁의 핵심을 유보상태로 10여년을 보냈고, 이번 정부개혁안에서 조차 분리방침, 분리시기, 분리방법에 대한 명확한 입장이 없다. 앞으로 상반기까지 논의한 결과를 토대로 금년 후반기에 결정한다는 모호한 입장을 보이고 있다. 지금까지 보여 온 정부안에서 한걸음도 진전되지 못하고 있어 안타깝다.

농민이 농협을 불신하는 다섯 가지 이유

농협은 영농자재를 확보하여 농사철에 대비하여 농민에게 판매한다. 그런데 자재의 품질, 가격 및 성능과 효과 면에서 농민의 편익보다 농협의 수익을 우선하는 경우가 많다. 심지어는 안 팔리는 재고품, 불량품 또는 중국산 등을 공급하여 물의를 일으키는 사례도 있다. 불신 1호다.

영농과 가계자금을 농협으로부터 차입해야 농사를 짓게 된다. 그런데 차입절차가 복잡하고 신용융자도 쉽지 않다. 단위조합의 이자율도 높아 농사를 지어서 이자도 갚지 못해 연체하는 경우가 많다. 부채누적으로 이농을 할 수밖에 없다. 농협이 고리로 돈장사하는 곳으로 알고 있다. 불신 2호다.

농민은 살기가 고달픈데 농협임직원들은 연봉 1억원 내외의 높은 보수를 받는다. 농협이 수익금을 농민을 위해 환원하는 것이 아니라 자기들이 독식하는 것이다. 농민을 외면하고 귀족화하는 농협 직원에 대한 반감이 커지고 있는 것이다. 불신 3호다.

농협은 산지유통, 판로개척 및 지역농업의 중추기관으로서 현장에서 농민과 함께하는 역할은 소홀히 하는 경향이 있다. 농협 조합장은 지역 기관장으로 품위 유지하고 자기를 알리느라 바쁘고, 직원들은 점점 관료화되고 도시민화 되고 있어 농민들과 거리감이 커진다는 것이다. 불신 4호다.

농촌의 인구는 감소하고 빈집은 늘어나고 있는데 반해 농협의 직원은 늘어나고 청사는 신축되고 있는 곳이 많다. 농민은 망해도 농협은 흥한다는 것이다. 이것이 불신 5호다.

농협의 고질병 02

조직의 비대화

① 거대화와 대형화의 환상에서 벗어나지 못하고 몸집 불리기에 혈안이 되어 왔다. 영역확장에 몰입해온 농협은 포식자처럼 개인기업을 사양했고, 자회사도 25개나 만들어 농협인의 일자리 창조에 기여해 왔다.

② 조직의 비대화와 공룡화는 직원의 경직화와 관료화로 이어진다. 상하간 원활한 의사소통이 막혀 회장의 일방적인 지시만 있고, 창의적이고 혁신적인 직원 의견이 회장에게 전달되지 못하고 사장되며, 농민의 여론이나 불만을 제대로 수렴하지 못해 왜곡된 반응을 보이게 된다.

③ 권한남용이 우려될 경우 권력행사를 견제하는 장치를 마련하여야 함에도 불구하고 제도화하지 않고 개인의 인격에 의존해온 것도 문제다.

④ 2004년의 농협개혁은 회장의 독주체제를 막기 위해 회장은 비상임으로, 경영권은 대표이사에게 부여하여 회장권한을 대폭 약화시켰다. 그러나 회장에게 인사추천군을 인정한 것이 문제였다. 회장은 인사추천권을 이용하여 실권을 장악하고 전권을 행사해왔다.

⑤ 중앙회의 조직과 기능은 갈수록 커지고, 중앙회와 일선조합의 업무중복과 상호경쟁으로 갈등을 빚어 왔으며, 중앙회에 비해 열등한 지위에 있는 일선조합이 불이익을 보게 된다.

운영의 경직화

농협의 운영상 문제점도 다섯 가지로 요약한다.

① 농협은 거대한 조직으로서 방대하고 다양한 업무를 취급하면서도 전문인력이나 외부인사 영입을 거의 하지 않는다. 배타성과 폐쇄성이 강한 것이다. 벽을 허물어야 자극과 경쟁을 통한 발전을 기대할 수 있다.

② 농협은 경제사업의 중요성과 당위성을 강조하면서도 실제로는 신용사업에 치중해 왔다. 농협의 이중성과 허위성이 문제다.

③ 임직원의 고수입과 귀족화는 농민의 시각으로 볼 경우 이해하기 어려운 일이다. 농민을 위해 열심히 일한 것도 아니고, 단순히 농협직원이라는 이유로 높은 보수를 받는 것은 불합리한 것이다. 더구나 농민은 빈민층으로, 농협직원은 부유층으로 양극화되는 것이 분한 것이다.

④ 회장과 조합장은 다음에 선출되기 위해 자원배분과 의사결정

을 득표와 연계함으로써 업무의 공정성어 훼손되기 쉽다. 선거운동에는 돈도 써야 한다. 선거운동으로 업무에 전념할 수도 없다. 특히 회장과 조합장이 특정 정치세력과 결탁하여 농협을 정치적으로 이용하는 폐단도 없어져야 한다.

⑤ 조직이 비대하고 경직되면 외부의 상황변화에 감지력이 둔감해지고, 외부의 도전에도 신속성과 대응력도 떨어진다.

자가치료의 한계

03

정부는 88년을 기점으로 4차에 걸쳐 농협개혁을 위한 입법화를 추진하였다. 88년에는 정부의 농협간섭권을 폐지하고, 조합장과 중앙회장에 대한 임명제를 선거제로 전환하였다. 농협의 민주화가 실현된 것이다.

두 번째인 94년에는 중앙회장의 자격을 조합원으로, 산용사업과 경제사업의 독립 및 전문조합의 허용을 골자로 한 농협법 개정이 있었다.

세 번째는 2000년에 축협과 인삼협의 중앙회를 농협중앙회로 통합한 중앙회통합농협법이 입법화되었다.

네 번째 입법은 2004년에 이루어졌다. 현재의 농협골격을 제시한 것으로 문제점을 충분하게 인지하고 있었는데도 막판 실수로 다시 입법을 추진하게 된 것이다. 회장의 권한집중과 독주체제를 막기 위해 회장을 비상임으로 하고, 사업경영권을 전문가에 의한 책임제로 한 것까지는 좋았으나, 비상임 회장에게 인사권을 준 것이 화근이 된 것이다. 조직의 권력은 인사권, 예산권 및 감사권으로부터 생기기 때문이다.

이번이 추진하는 농협개혁입법안의 골자는 다음 다섯 가지로 정리된다.

① 중앙회장의 선출을 조합원 직선제에서 대의원 간선제로 전환하고, 임기도 단임제로 한다.

② 중앙회장의 인사권을 인사추천위원회로 이전하고, 이사회와 감사의 기능을 강화한다.

③ 조합장은 규모가 큰 조합부터 단계적으로 비상임직으로 전환한다.

④ 조합의 합병과 경제사업 활성화를 지속적으로 촉진한다.

⑤ 신용사업과 경제사업의 분리방안을 마련하여 시차를 두고 시행한다.

농민과 농협은 하나(民協不二)

04

「농협인의 농협」을 「조합원의 농협」으로 돌려놓기 위해서는 농민의 관심과 농협, 정부 및 국회의 결단이 필요하다. 이번에는 농업협동조합법이 제대로 개정되어 농협이 탈바꿈하고 협동조합의 원칙에 충실하도록 해야 할 것이다.

1995년 100주년을 맞은 국제협동조합연맹(International Cooperative Alliance: ICA)은 협동조합 7대 원칙을 채택을 채택하였는데 다음과 같다.

① 협동조합은 자발적 조직으로서 성적?사회적?인종적?정치적?종교적 차별을 두지 않으며, 조합원으로서 책임을 다하는 사람은 모두 조합원이 될 수 있고, 조합의 서비스를 이용할 수 있다.

② 협동조합은 조합원이 관리하는 민주적 조직으로서 조합원은 협동조합의 의사결정에 적극적으로 참여하며, 선출된 임원은 조합

원에게 봉사할 책임을 진다.

③ 조합원은 협동조합의 자본형성에 공정하게 참여하고, 자본은 민주적으로 관리한다. 자본금의 일부는 조합의 공동재산으로 하며, 조합원은 출자액에 따라 제한적인 배당금을 받는다.

④ 협동조합은 조합원이 관리하는 자율적인 자조조직으로서 외부 조직과 계약을 체결하거나 자금을 조달할 경우 조합원의 민주적 관리와 협동조합의 자율성이 보장되어야 한다.

⑤ 협동조합은 조합원, 임원, 직원들이 협동조합의 발전에 기여하도록 교육과 훈련을 실시한다. 일반 시민에게도 협동조합의 기능과 장점에 대한 정보를 제공한다.

⑥ 협동조합은 지역단위, 전국단위 및 국제단위에서 서로 협동함으로써 조합원에게 봉사하고, 협동조합운동을 활성화한다.

⑦ 협동조합은 지역사회의 지속가능한 발전을 위해 노력한다.

협동조합의 임직원은 조합원의 신로회복과 협동조합 정체성 확립이 시급한 과제다. 농협의 불신이 비농업부분까지 확산되거나 개혁시기를 놓치게 되면 국민 부담으로 전이될 것이다.

농협임직원은 겸허한 마음으로 농협병의 원인에 대한 정확한 진단, 검진결과에 대한 올바른 판정, 병을 조기에 치유할 처방전이 중요하다. 농협병도 방치하면 치료시기를 놓쳐 사망하거나 중증으로 진행된다.

협동조합이 조합원의 조합으로 다시 태어날 수 있다는 희망과 기대를 가져야 한다.

PART XIV

효율적인 푸드시스템 정착

우리가 직면한 위기도 강하지만,
미국도 역시 강하다
(The crises we face are strong,
but so is America).

오바마 미국대통령

식품의 공급체계 01

푸드시스템(food system)이란 식생활과 관련된 모든 과정을 말한다. 생산과정에서부터 수확, 가공, 포장, 수송, 유통 및 최종소비 및 처분단계까지를 포함하고 있다. 푸드시스템은 농장에서 식탁까지(from farm to table)의 전체 과정을 포괄하고 있다. 푸드시스템은 농업과 식품산업으로 구성된다. 식품산업은 다시 식품제조업, 식품유통업 및 외식산업으로 나누어진다.

농산물유통환경이 변하고 있다. 인터넷, 휴대폰 및 택배 시스템의 발달로 전자상거래, 주문생산과 직송체계의 비중이 커지고 있다. 사이버 거래액이 1조5천억 수준에 이르고 있다. 대형마트가 지역적으로 네트워킹을 형성하고 있다. 1996년 유통시장의 개방으로 외국대형유통업체도 국내에 진출하여 할인점의 거래 비중이 40%를 차지하고 있다. 공영도매시장은 대형유통업체의 확충, 재래도매상의 퇴출, 음식점의 체인화와 대형화 등으로 활로를 잃어가고 있다.

예시 18 푸드시스템 구조

푸드시스템 = 농업 + 식품산업
= 농업 + 식품제조업 + 식품유통업 + 외식산업

생산(produtcen) → 제조(processing) → 유통(Distribution) → 준비(preparation) → 소비(consumption)

자료 http://foodsys.ccs.cornell.edu/primer.html
"Discovering the Food System, A Primer on Community Food Systems: linking Food, Nutrition and Agriculture"

해외 농산물의 수입증가, 외식업체와 식품가공업체의 수입산 의존, 가공식품의 소비증가, 외식비중의 증가 및 소비자의 선호도 변화가 생산시스템의 변화를 유발하고 있다. 90년대에는 외식의 비중이 20%선이었으나, 2000년대 중반부터는 45%선을 넘어서고 있다. 소비패턴도 건강과 기호식품의 소비 증가하고 있다. 신선하고 안전한 식품을 값싸게 사서 편하게 요리해서 맛있게 먹을 수 있는 식품을 선호하는 추세다.

식품제조업 02

식품제조업은 2004년 기준으로 생산액은 30조원이다. 이는 GDP비중 4%, 제조업GDP비중 15% 수준이다. 매출액은 33조원, 수출액은 14억불로 제품은 내수에 의존하고 있으며, 원료는 수입에 의존하고 있다. 식품제조업 중에서 종업원 10인 이하가 96%, 매출액 5억원 이하인 식품업체가 전체 업체의 82%를 차지하고 있다. 제조품목은 25천개, 업체는 78천개에 달한다.

상위 20대 식품업체의 매출액은 18조원으로 전체매출액비중은 59%를 차지하고 있다. 세계 100대 식품업체 중 CJ 한 기업만 포함될 정도로 제조업은 규모의 영세성, 기술개발의 정체 및 수출경쟁력의 저위 등의 문제들을 안고 있다. 매출액 대비 연구개발비도 0.7%로서 산업 평균 2.2%에도 미치지 못하고 있다.

미국의 경우 식품가공업의 집중화 현상이 두드러지고 있는 반면, 세계적인 관점에서는 집중화 현상이 심하지 않고 분화되어 있다.

표 24 • 국내 상위 10개 식품제조업체의 매출액

순위	회사명	2004년	2005년(A)	2006년(B)
1	두산	20,379억원	18,645억원	19,280억원
2	농심	16,450	16,003	15,818
3	삼양사	8,902	9,844	11,700
4	롯데제과	10,926	11,165	10,792
5	롯데칠성음료	11,617	10,903	10,782
6	대상	13,546	10,301	10,190
7	오뚜기	8,795	9,809	9,702
8	한국야쿠르트	8,913	9,130	9,564
9	대한제당	8,034	8,479	9,409
10	동서식품	7,584	8,246	8,947

자료: 2008 식품유통연감(식품저널)

식품유통업 03

유통산업은 2004년 기준 GDP비중 6%, 고용비중은 17%로 고용효과가 큰 산업이다. 소매업체는 638천개, 종사자는 150만 명, 매출액은 131조원이다. 이중 대형할인점이 2005년 기준으로 점포수 307개, 매출액 24조원이고, 백화점이 점포 89개, 매출액 17조원이며, TV홈쇼핑은 5대 업체가 2조원의 매출을 올렸다. 인터넷쇼핑업은 8개 업체가 10조원의 매출을 올려 가장 빠른 성장세를 보이고 있다. 재래시장은 시장 1,218개, 점포 23만개, 상인 30만 명, 매출 20조원이다. 편의점(C -store, CVS: Convenience Store)은 점포 8,247개, 매출 10조원이다. 식료품 구매장소는 대형할인점, 재래시장, 슈퍼편의점 순으로 구매가 많은 것으로 나타났다.

표 25 • 국내 할인점업 매출액 및 시장점유율(2005)

	매출액(십억원)	시장점유율(%)	점포수(개)
이마트	8,050	34.1	83
홈플러스	4,600	19.5	40
롯데마트	3,208	13.643	
까르푸	2,000	8.5	31
하나로클럽	1,570	6.7	16
기타	4,172	17.7	94
합계	23,585	100.0	307

자료: 한국체인스토어협회, "RETALL MAGAZINE", 2006.1

표 26 • 국내 5대 TV홈쇼핑사 매출액 및 시장점유율

(단위 : 십억원, %)

	2003	2004	2005
GS홈쇼핑	539(39.4)	505(35.3)	526(30.8)
CJ홈쇼핑	400(29.3)	412(28.8)	452(26.5)
현대홈쇼핑	194(14.2)	200(13.9)	285(16.7)
우리홈쇼핑	138(10.0)	174(12.2)	246(14.4)
농수산홈쇼핑	97(7.1)	141(9.8)	199(11.6)

주: ( )는 업태 내 시장점유율
자료: 각사 감사보고서

외식산업 04

외식산업은 가정 밖에서의 식생활과 외부에서 만들어진 제품을 가정 내에서 소비하는 활동을 포함하고 있으며, 외식산업의 시장규모는 40~45조원으로 성장하였다. 외식산업은 식품제조업, 소매업, 서비스업을 함께 행하는 복합적 산업이다(주).

■ 외식산업의 범위

(1) 영리외식업

① 일반음식점 : 한식, 일식, 중식, 양식

② 시설음식점 : 호텔, 편의점, 콘도의 식당

③ 운송음식점 : 기차, 비행기, 선박의 식당

④ 음료전문점 : 다방, 카페, 전통찻집

⑤ 주류전문점

⑥ 다과전문점

(2) 집단급식업

① 학교급식

② 군대급식

③ 병원급식

④ 기업급식 : 회사, 공장

⑤ 기관급식 : 교도소, 국가기관

⑥ 시설급식 : 고아원, 양로원

주: 장상태 외, 외식산업론(2007)과 김기영 외, 외식산업관리론(2006)을 참조

■ 한국표준산업분류표에 의한 분류

(1) 식당업: ① 한식업, ② 중국음식업, ③ 일분음식업, ④ 서양음식업, ⑤ 출장음식업, ⑥자급식

(2) 주점업: ① 일반유흥주점, ② 무도유흥주점, ③한식유흥주점, ④ 극장식 주점, ⑤ 외국인전용주점, ⑥ 나머지 주점

(3) 다과업: ① 제과점, ② 다방업, ③ 나머지 다과업

■ 식품위생법에 의한 분류

(1) 휴게음식점: 음식을 조리 · 판매하는 영업, 음주금지

(2) 일반음식점: 음식을 조리 · 판매하는 영업, 음주허용

(3) 단란주점: 술을 조리 · 판매하는 영업, 노래허용

(4) 유흥주점: 술을 조리 · 판매하는 영업, 유흥종사자 고용 및 유흥시설설치 허용

패밀리 레스토랑은 아웃백스테이크하우스, 베니건스, 빕스 등 8개의 해외 브랜드가 진출하여 점포 162개에서 연 4천억 원의 매출액을 올리고 있다. 패스트푸드업은 3,500여개 점포에서 1조 5천억 원의 매출을 기록하고 있다. 피자업은 1,083개 점포에서 7천억 원의 매출을 올려 급성장세를 보이고 있다.

표 27 • 패스트푸드업체 매출액 및 점포수(2007)

	매출액	점포수(07)
롯데리아	4,000 억원	750개
맥도날드	–	–
KFC	1,520	162
파파이스	498	161

자료: 2008 식품유통연감(식품저널)

표 28 • 패밀리 레스토랑 매출액 및 점포수(2007)

	매출액	점포수(07)
아웃백	2,700 억원	98개
빕스	2,700	80
TGIF	1,500	61
베니건스	1,008	161

PART XV

농식품 유통부문의 발전전략

학(學)이 정도(正道)에 도움이 안 된다면
무학(無學)만 못하고,
문(文)이 실용(實用)에 적당하지 않다면
무문(無文)만 못하다.

정조대왕

한국의 유통산업 01

산업비중

(1) 농업 비중

농업의 산업비중은 2005년 기준으로 3%수준이고, 식품산업은 4% 수준이다. 그러나 유통산업의 GDP 비중은 6%를 차지하고 있다. 유통산업 비중 6%는 미국의 19%, 유럽의 16%, 일본의 13%보다 낮은 수준이다. 앞으로 유통산업의 성장잠재력이 크다는 점을 시사해 주고 있다.

(2) 식품산업 비중

식품산업은 식품, 식품첨가물, 기구, 용기 및 포장의 제조 · 유통과 소비활동에 관한 산업으로 정부의 규제를 많이 받고 있는 산업이다. 식품산업은 내수중심, 성장정체 및 무역역조로 요약된다. 식품산업은 생산 품목과 생산규모가 감소하고 있으며, 가공기술과 영세성이 식품산업의 발전을 저해하고 있다.

표 29 • 농업, 식품업 및 유통업의 비중(2005)

	GDP	농업	식품업	유통업
2000	579조원	22(4.2%)	26(4.4%)	41(7.1%)
2005	807조원	22(3.0%)	30(3.7%)	49(6.1%)

(3) 유통산업 비중

유통산업은 상품의 판매활동과 상품의 수송 · 보관 · 가공 · 하역 · 포장 · 정보제공 등 물류활동 과 관련된 산업이다. 유통산업은 부가가치가 높은 산업으로 물가안정, 고용창출 및 외국인투자측면에서도 중요한 산업이다. 유통업의 고용비중은 16%를 넘고 있어 고용효과가 크다.

유통구조

(1) 유통마진

농산물 평균 유통마진은 소비자지불가격의 44%를 차지하고 있다. 출하단계에서 11%, 도매단계 10%, 소매단계 23%로 나타나 소매단계에서 마진이 가장 높았다. 곡류의 마진이 24%, 엽채류가 73%로 유통마진이 높았다. (유통마진=소비자지불가격-생산자수취가격)

(2) 유통경로

- 쌀: 생산자 → 미곡종합처리장 → 유통업체 → 소비자

- 채소류: 생산자 → 수집상 → 도매상 → 소매상 → 소비자
  (물류센타: 생산자 → 물류센타 → 소매점 → 소비자)
- 과일류: 생산자 → 산지조합 → 도매상 → 소매상 → 소비자
  (농협: 생산자 → 산지조합 → 하나로 클럽 → 소비자)
- 쇠고기: 사육자 → 수집상 → 도축장 → 도매상 → 정육점 → 소비자
  (농협: 사육자 → 산지조합 → 공판장 → 정육점 → 소비자)
- 가공식품: 공장 → 대리점 → 소매점 → 소비자

(3) 유통기구

- 산지: 미곡종합처리장(RPC) 328개소[18)]
  농산물산지유통센타(APC) 253개소
  축산물종합처리장(LPC) 9개소
  도축장 106개소
  산지공판장 88개소
  축산물도매시장 14개소
  공영도매시장 32개소

---

18. ① 91~01: 328개, 5216억
② 운영자금: 28억원/개소, 0~2%
③ 신입성과: 농가 비용절감, 산지가격자리, 미질향상과 손실방지
④ 문제점: 경영부실－누적적자: 총 1,158랏(6억/개)
－06: 129억(7천만원/개)
부실원인: 고가매입/격영인력/과당경쟁
⑤ 개선방안: 통합, 독립경영, 자금지원

종합유통센타 15개소

집하장 967개소

- 소비지: 할인점 307개소

  백화점 89개소

  편의점 8,247개소

  무점포판매업 15천개소

  재래시장 1,702개소

  소매점 625천개소

유통환경

(1) 국내시장의 경쟁격화

유통시장이 1996년에 개방된 이래 해외 유통업체들이 국내에 진출하여 유통시장의 재편에 영향을 주었다. 미국, 유럽 등 선진 경제권과 자유무역협정이 발효될 경우 농산물 시장 개방과 외국인 투자 보장으로 농산물의 수입은 물론 식품산업과 유통산업에 대한 외국인 투자가 증가할 것이다. 국내업체 간 경쟁에서 본격적인 국제경쟁 무대가 될 것이다.

(2) 유통업체의 질서재편

전통적인 시장체계가 쇠퇴해 가고 신유통업태는 급성장하고 있다. 도매시장과 재래시장은 거래가 위축되고, 할인점 · 편의점 및 무점포 판매는 높은 성장세를 보이고 있다.

유통업의 대형화, 다점포화 및 사업다각화도 두드러진 현상이다. 인수합병과 신규투자도 활발해지고 있다. E-Mart가 2006년 카르프를 인수하여 국내 선두로 자리를 굳혔다. 영국의 최대 유통업체인 테스코와 합작한 Homeplus는 점유율 2위, Lotte-Mart가 3위, 세계 최대 유통업체인 월마트는 2006년 철수하였다. 대형 유통업체를 중심으로 직거래도 활발하다.

(3) 웰빙생활과 소비문화

소비자의 생활수준이 향상됨에 따라 건강 · 환경 및 여가생활에 대한 관심이 높아지고 있다. 식품선택의 기준도 가격보다 안전성, 기능성 및 편리성에 두고 있다. 유기농산물을 쉽게 살 수 있고, 교통이 편리하여 시장접근성이 높고, 구매행위도 즐겁게 할 수 있는 분위기에다 조리도 간편하게 할 수 있어야 한다. 유기농 상시판매, 일괄쇼핑이 가능한 상품구색, 신속계산과 휴식도 취할 수 있는 레저시설 등을 갖추j야 한다.

인터넷, DMB, 방송서비스와 같은 정보통신기술의 발달도 TV홈쇼핑, 인터넷쇼핑 등 소비자의 구매행태를 변화시키고 있다. 노령화, 독거화 및 개식화 등 인구와 가족구성의 변화도 식품소비의 새로운 변화를 예고하고 있다. 이제 식품 유통시장은 양적 성장에서 질적 성장으로 전환할 시기가 온 것이다.

한국시장의 접근 02

고율관세

(1) 고율 관세구조

농산물의 평균 관세율은 63.2%이다. 미국의 11.1%, EU의 22.1%, 일본의 41.3%, 중국의 37.8%보다 높다. 농산물 세분류 품목 1,452개는 관세율 0%에서 900%사이에 분포되어 있다.

(2) 저율 관세품목

관세율 30% 미만의 낮은 관세 대상품목은 전체 품목수의 58.5%인 842개이다. 이중 10% 미만의 저율관세 품목은 202개로 점유율이 14.7%를 차지하고 있다. 저율관세구간에는 오이, 파 등 일부 채소류, 식물성 유지류, 종묘와 종자류, 닭고기, 돼지고기 등 일부 축산물이 포함되어 있다.

(3) 고율 관세품목

관세율 50% 이상의 고율 관세 대상품목은 전체의 21.9%인 342개 품목을 차지하고 있다. 고율관세구간 중 비교적 관세수준이 낮은 50% 이상 100% 미만 구간에 해당하는 품목수는 199개로 13.1%를 차지하고 있으며, 주요 품목은 가공채소, 조제식품, 냉동과일, 감, 매실, 바나나 등이다. 초고율 관세(500%-900%)가 부과되는 품목은 참깨(630%), 잣(566%), 녹두(607%), 홍삼(754%), 녹차(513%), 팝콘용 옥수수(630%), 매니옥(877%)등이다. 그러나 이들 품목은 물가안정용으로 수입될 경우 저율의 할당관세가 부과된다.

(4) 가공품의 저율관세

가공도가 높을수록 관세가 낮고 신선 농산물과 같이 가공하지 않은 품목은 세율이 높다. 예를 들면 양파는 135%인데 조제양파는 54%, 땅콩은230%이나 조제땅콩은 64%, 분유의 관세는 176%이지만 이를 단순 가공한 조제분유는 36%로 세율 차이가 크다.

(5) 대체품간 차등관세

대체관계에 있는 품목에 대해 관세율을 달리 부과하고 있어 관세율이 낮은 품목의 수입이 급증하는 경우가 있다. 고추의 관세율은 278%이나 냉동고추는 27%, 고추장은 8%에 불과하다. 마늘은 360%, 냉동마늘은 27%, 초산마을은 30%로서 관세 격차가 크게 나타난다. 참깨는 630%, 참기름은 36%이고, 인삼은 754%, 인삼가루는 18%이다.

(6) 양허관세와 실행관세의 격차

양허관세와 실행관세와 평균 세율차이는 8.7%이고 양허관세율이 63.2%, 실행관세율이 54.5%이다. 가장 차이가 가장 많이 나는 구간은 90%-100% 으로 양허세율 90% 과 실행세율 31% 간 격차가 59%나 된다. 다음으로 차이가 많이 나는 구간은 50%-80% 으로 평균 차이는 30% 수준이다. 반면에 양허관세율과 실행관세율 사이에 차이가 없는 구간은 100% 이상 900% 미만의 초고관세구간이다.

(7) 관세할당제의 활용

관세할당제도는 양허된 물량(in-quota)은 낮은 세율을 적용하고, 이를 초과하는 물량(out-quota)은 높은 세율이 적용된다. 이 제도는 수입을 금지하지 않고 높은 관세로 수입을 허용하고 있다. 현재 이 제도를 적용하고 있는 품목수는 생물적 품목기준으로는 63개, 관세세번수 기준으로는 190개 품목에 달한다.

이 제도는 UR 협상 결과 생겨난 것으로 비관세장벽을 없애고 대신 관세로 전환하여 수입가격과 국내가격과의 차액을 관세로 부과할 수 있도록 하였다. 수입물량의 과도한 유입을 막기 위하여 일정물량까지는 저율, 초과물량에 대해서는 고율관세를 부과할 수 있도록 한 것이다.

〈관세할당제의 관리〉

- 관리주체: 농림부, 유통공사, 농협, 산협, 협회 등 21개 기관

- 관리품목: 쌀, 고추, 마늘, 양파, 오렌지, 인삼, 종우, 종돈, 참깨 등 63개 품목
- 저율관세: 최소시장접근물량(MMA) 39개, 현행시장접근물량(CMA) 24개
- 관리방식: 국영무역, 지정기관 수입, 수입권 공매, 수요자 배정 등 방법과 이들 방법을 혼합한 방법

* UR협정에서 수입금지품목을 국내소비량의 5%까지 의무적으로 수입(MMA)하도록 함에 따라 수입제한장치는 관세할당제 대상품목에 국한됨.

무역규모

(1) 선진거대경제권

세계의 경제권은 북미경제권, 유럽경제권, 중국경제권, 인도경제권 등 4대 경제권역으로 나눌 수 있다. 경제권은 인구규모, 경제규모, 경제협력 및 단일시장 등을 기준으로 분류할 수 있다. NAFTA의 멕시코, 중국 및 인도는 선진국으로 보기 어려우므로 사실상 선진 거대 경제권은 미국과 EU의 양대 경제권으로 압축된다.

표 30 • 미국, EU 및 중국의 경제지표(2006)

	미국	EU	중국
인구	29천만명	49천만명	13억명
GDP	13조2천억불	14조2천억불	1조4천억불
1인당GDP	37천불	27천불	1천불
수출비중(%/세계)	12.7%	17.5%	4.9%

(2) 농산물 무역규모

① 대미 농산물무역규모: 수출 3억불, 수입 28억불, 무역규모 31억불

- 주요수입품목: 쇠고기, 대두, 밀, 옥수수, 오렌지, 담배, 돼지고기, 닭고기, 낙농품, 포도, 커피, 양파, 식물성기름, 산동물 등

② 대EU 농산물무역규모: 수출 5천만불, 수입 15억불, 무역규모 15억5천만불

- 주요수입품목: 올리브기름, 코코아, 담배, 위스키, 돼지고기, 닭고기, 낙농품, 포도주, 복숭아통조림, 포도쥬스, 스파게티, 파스타 등

② 대한국 농산물 수입국:순위: 미국 28억불, 중국 22억불, 호주 17억불, EU 15억불

표 31 • 미국 및 EU와의 무역규모(2006)

	미국(A)	EU(B)	차이(A–B)
수출	432억불	492억불	–60억불
수입	337억불	302억불	35억불
무역규모	769억불	794억불	–25억불
무역수지	95억불	190억불	–95억불
〈농산물〉			
수출	3억불	0.5억불	2.5억불
수입	28억불	15억불	13억불
무역규모	31억불	15.5억불	15.5억불
무역수지	–25억불	–14.억불	–10.5억불

(3) 투자규모

① 한국기업의 해외투자

한국기업의 외국투자 누적액은 2006년 말 기준으로 중국에 170억불, 미국에 167억불, EU에 119억불로 미국이 2위, EU가 3위의 투자 대상국이다. 한국의 해외 총투자액 1,059억불 중 미국이 15%, EU가 11%를 상회한다.

② 외국기업의 국내투자

외국기업에 의한 국내투자 총누적액 1,267억원 중 EU가 405억불, 미국이 366억불이며, 투자액 순위는 EU가 1위로서 미국보다 큰 투자국이다. 2006년 중 투자규모 112억원이고, 이 중 EU가 50억불로 전체 외국인투자 실적의 44%를 차지하고 있다. 국가별로는 프랑스, 네덜란드, 영국, 아일랜드, 벨기에의 순서로 대한국 투자가 많았다.

미국과의 자유무역

03

관세철폐

(1) 즉시철폐

① 한국: 품목 수 585개(38%), 수입액 17억불(56%)
주요품목: 밀, 옥수수, 대두, 커피, 오렌지쥬스, 포도쥬스 등

② 미국: 품목 수 1,065개(59%), 수입액 1.8억불(82%)
주요품목; 간장, 된장, 고추장, 김치, 라면, 배 등

(2) 5년이전 철폐

① 한국: 품목 수 356개(23%), 수입액 3.5억불(12%)
주요품목: 레몬, 감자, 위스키 등

② 미국: 품목 수 411개(23%), 수입액 5백만불(2%)
주요품목: 자두, 버섯, 아이스크림 등

(3) 10년이전 철폐

① 한국: 품목 수 397개(26%), 수입액 2.5억불(8%)

주요품목: 돼지고기, 복숭아, 감, 단감, 자두, 배, 살구, 호두, 찐쌀 등

② 미국: 품목 수 246개(14%), 수입액 35백만불(16%)

주요품목: 호두, 담배, 조제저장 채소, 설탕, 면화 등

(4) 15년까지 철폐(미국은 15년이내 모든 관세 철폐)

① 한국: 품목 수 137개(9%) 수입액 3.7억불(13%)

주요품목: 쇠고기, 닭고기, 녹용, 고추, 마늘, 양파, 생강, 감귤, 참깨 등

② 미국: 품목 수 65(4%) 수입액 —

주요품목: 쌀, 쇠고기, 치즈 등

(5) 20년까지 철폐

① 한국: 품목 수 7개, 수입액 1백만불

주요품목; 설탕, 홍삼, 사과, 배 등

표 32 • 대한국 외국인 누적투자규모(2006)

	전체	미국	EU
한국기업의 해외투자	1,059억불	167억불	119억불
외국기업의 국내투자	1,267억불	366억불	405억불

예외취급

① 양허제외: 쌀과 쌀제품

② 현행관세 유지 및 수입쿼타 제공: 식용대두, 식용감자, 분유, 천연꿀

③ 계절관세: 포도, 오렌지, 칩용감자

④ 품종과 용도 구분: 후지사과 20년까지/기타 사과 10년까지 관세철폐, 동양품종 배 20년까지/기타 품종 10년까지 관세철폐

⑤ 세이프가드: 쇠고기, 돼지고기, 고추, 마늘, 양파, 인삼 등

농업관련 서비스 및 투자

(1) 외국인 차별이 있는 업종은 개방유보

① 생산업: 벼 · 보리재배업, 육우사육업

② 유통업: 육류도매업, 가축시장, 공영도매시장, 공판장 개설

③ 수의업, 유전적 개량업, 인공수정업, 기능성식품 수입업

④ 식품 및 식품첨가물의 운반 · 매매 · 저장업

(2) 향후 외국인 차별이 예상되는 업종도 개방유보

① 쌀 · 1인삼: 쌀, 인삼 및 홍삼의 도매 및 소매업

② 농산물 검사, 인증 및 등급판정업

③ 농촌관광서비스

④ 농업부수서비스: 도정업, 미곡종합처리장

(3) 미국인의 한국투자 보장

① 한국내에서 활동하는 미국인의 모든 투자활동은 법적으로 보장

② 한국내에서 회사의 설립, 인수, 확장, 매각 등 모든 권리 보호

③ 모든 자산, 지적재산권, 면허 등과 투자에 대한 송금보장

④ 미국인의 투자는 최혜국대우와 내국민대우를 부여

⑤ 투자분쟁은 미국인이 국가를 상대로 협의 및 중재

⑥ 분쟁 중재는 국제중재센타 절차에 따르고, 투명성 보장

〈 EU와의 자유무역〉

① 협상추진상황

2007년 5월에 한 · EU간 협상이 개시되었고, 7월과 9월에 2차 및 3차 협상이 브뤼셀에서 열렸다. 4차 회의는 서울에서 열렸다.

양측은 포괄적이고 높은 수준의 FTA를 체결한다는데 공감하고, 적기에 타결하기 위해 신속한 협상을 추진한다는데도 의견을 같이 한 것으로 알려졌다.

앞으로는 양측의 양허안을 토대로 민감품목 중심으로 협상이 진행될 것으로 보인다.

② 협상추진기조

EU와 교역관계를 유지하고 있는 대다수의 국가나 지역은 다양한 형태의 무역특혜나 자유무역협정을 체결해오고 있다. EU는 FTA를 통해 관세인하만을 추구하지 않고, 교역확대에 영향을 미치

는 경제관련 제도의 개선을 요구하는 포괄적 성격의 FTA를 추진하는 경향이 있다.

EU는 한·미FTA의 시장개방수준과 동일한 개방수준을 요구할 것이다. 농업부분은 한국과 EU 양측이 상호 민감성을 인정하고 있어 농업협상이 걸림돌이 되지 않을 것으로 전망된다

(3) 한미FTA의 영향

〈한국농촌개발연구원이 전망한 자료〉

① 농업생산액 감소

이행기간에 발생할 연평균 농업생산액 감소액: 6,149억원

② 농산물 수출감소

- 이행기간 중 미국 농산물 연평균 수입 증가액: 3억 7천만 달러
- 이행기간 중 타국가로부터 농산물 연평균 감소액: 1억 4천만 달러

유통산업에의 파급효과

04

■■■ 수입품의 시장점령

(1) 공급과잉 구조

관세철폐의 효과로 FTA 체약국의 농산물 수입이 늘어날 것이다. 국산 농산물과 가격차가 심할수록 수입증가율은 커질 것이다. 수입 농산물의 국내시장 점유율이 관세철폐 품목위주로 높아지게 될 것이다.

수입품의 증가와 국내 생산의 지속으로 국내시장은 일부 품목의 공급과잉상태가 일어날 것이다. 국내산과 수입산 간 관계가 경쟁재 또는 대체재일 경우 수입산과 국내산 간, 국내산 간에는 심한 경쟁 구도가 형성될 것이다.

(2) 시장가격 하락

수입품의 가격이 상대적으로 저렴한데다 공급과잉과 경쟁구조로 국내 가격은 큰 폭으로 하락할 것으로 전망된다. 가격하락은 수입품과 동종의 국산품뿐만 아니라 전반적인 농산물 가격하락으로 이어질 것이다.

(3) 국내수요 대체

수입산 가격이 국내산 가격보다 저렴하기 때문에 고가인 국산품을 수입 농산물로 대체하는 소비자가 늘어날 것이다. 보완재는 물론이고 대체재의 국내 수요도 늘어날 것이다. 국내에서 생산되지 않는 품목이나 수입품의 품질이 우수할 경우는 더욱 소비가 늘어날 것이다.

미국산과 유럽산의 경우 중국산에 대한 국내 소비자의 인식과 달리 신뢰도가 높다.

실제로 제품의 품질이 국내산 보다 좋고, 포장 및 표시가 잘되어 있는 경우가 많다. 원산지 표시제도가 역이용 수단이 될 수도 있다.

대형업체의 상권지배

(1) 국산 유통물량의 감소

수입품의 증가는 수입수요의 확대를, 수입수요의 확대는 국내산 수요 감소를, 국내산 수요 감소는 국내 생산, 유통 및 관련 산업의 위축을 가져온다. 국내생산 및 유통량의 위축은 국내시장에서 국산 농산물이 점차 퇴출되어 시장점유율이 떨어진다는 것이다. 결과적으로 국내 시장의 국산품 취급규모를 축소시키고, 국내 생산농가, 유통시설 및 지원기관의 기능축소로 까지 영향이 미칠 것이다.

(2) 전통 유통시설의 부실

국내시장의 국산품 취급 물량이 감소하면 경매중심의 산지와 소비지도매시장의 퇴조를 가속화시킬 것이다. 전통적인 도매시장의 기능이 위축되면 산지거래, 농가판매 및 가격결정에 불편이 생긴다.

산지유통시설의 핵심체인 산지유통센타(APC)와 축산물유통센타(LPC)의 운영 부실화가 가중될 것이다. 품목전환이 많은 지역과 주산지 기능이 퇴화한 지역은 산지 집하장, 공판장 및 보관창고 · 가공산업의 가동율이 크게 떨어질 것이다.

(3) 대형업체의 상권장악

점포의 대규모화, 다점포화 및 사업다각화 추세를 보이고 있는 대형유통업체의 시장 지배력이 한층 강화될 것이다. 재래시장과 구멍가게 등 소형업체는 밀려나고, 편익성과 접근성이 좋은 대형업체 중심으로 시장 축이 이동할 것이다.

대형업체 간 가격파괴 경쟁이 심화되면서 대기업이 경영하는 대형마트가 값싼 농산물의 수입, 수입 농산물의 판매를 선도할 것이다. 뿐만 아니라 산지 농산물 구매와 가격결정을 주도하게 되어 소비지유통과 산지유통에 대한 지배권을 갖게될 것이다.

유통산업의 효율향상

(1) 저가격 경영전략

세계의 유통흐름은 다국적 유통기업 중심으로 할인판매가 상설화되고 있다. 다국적 대형업체들은 저가격판매(every day low price)를 경영전략으로 삼고 있다. 이와같은 전략은 저비용의 실현이 뒷받침되어야 한다. 상품공급원의 해외의존, 비용의 전가 및 원가의 할인을 시도할 것이다. 유통업체는 3L(low cost, low price, low service)를 실현하기 위해 자체 유통시설의 건설, 농산물의 해외조달 및 국내 농산물 저가구입으로 국내 농업에 부담을 줄 것이다.

(2) 유통업계의 구조조정

유통업계는 사업의 과잉확장과 매출둔화로 합병과 인수가 활발해질 것이다. 이미 M&A가 진전되고 있다. 이마트는 2006.5월 월마트를 인수하였고, 홈플러스는 2005.7월 아람마트를 인수한바 있다 유통기업은 업무영역이 허물어져 융합형 신유통업태가 계속 출현할것이며, 대기업과 다국적 기업이 물류의 흐름을 좌우하게 될 것이다.

* 세계 1위였던 K마트가 Wal 마트에 밀리더니 Sears에 합병되는 수모를 겪었다. 영원한 강자는 없다는 말이 유통산업에도 예외는 아니다.

(3) 유통산업의 투자증가

한국에는 유통업계의 세계 1위이자 미국 최대 유통기업인 Wal마트가 1998년에, 세계 2위의 유통업체고 유럽과 프랑스의 최대 유통기업인 Carrefour가 1996년에 외국유통업체로서는 최초로 상륙했으나 둘 다 2006년에 철수하고 말았다.

그러나 한국의 유통산업 비중이 6%수준으로 일본의 1/2, 미국의 I/3에 불과하고 한국의 유통업이 대부분 구멍가게 수준이어서 성장잠재력은 크다고 할 것이다. 한미FTA에서 미국기업에 완벽한 투자보장과 서비스업 진출기업에 대한 보호 장치를 마련했기 때문에 새로운 투자가 예상된다.

가공원료의 해외조달

(1) 식품산업 투자유입

식품산업 중 농업과 직접적인 관계가 있는 부문은 ① 식품가공업 ② 외식업인데 식품가공업체 중 종업원 10인 이하가 95%수준, 매출액 5억원 이하가 80%수준을 차지하고 있다. 식품산업은 성장잠재력이 큰 산업이나 수출은 25억불, 수입은 70억불이며, 내수중심으로 운영되고 있다.

식품산업의 영세규모, 성장잠재력, 투자보장 등 투자환경의 개선으로 미국과 EU로부터 식품가공업에 대한 투자가 늘어날 전망이다. 외식업의 경우 세계적 음식체인점들이 국내에 진출하고 있으나, 소비패턴의 변화에 따른 외식산업의 성장가능성은 국내 대기업과 해외 유명 외식업체의 유인요인이 될 것이다.

(2) 원료공급망 전환

국내 식품산업의 선도그룹과 해외 다국적 식품기업은 비용절감을 위해 국외의 공급기지 확보에 눈을 돌릴 것이다. 식품업체는 ① 해외의 다양한 구매망을 동원해 가장 저렴한 가격으로 구매하여 원료로 사용하는 경우, ② 국내 산지조직과 직거래를 통하여 구매하는 경우, ③ 도매시장에서 구입하는 경우가 있다. 산지 구매의 경우 원하는 조건의 농산물을 확보하는데 한계가 있다. 가격조건, 품질조건, 대량공급조건 등을 충족시키는데 제약이 따르기 때문이다.

(3) 일관 공급망 관리

식품기업은 원료조달, 제품생산, 유통과정, 소비단계에 이르기까지 관리하는 공급망관리(Supply Chain Management)를 점차 중요시 할 것이다. 공급망관리는 원가절감, 품질향상, 고객만족의 기업목표를 달성할 수 있는 기법이다.

해외 식품업체의 국내진출은 기업경영의 효율성제고와 식품의 안전관리에 자극제가 될것이다. 미국과 EU의 가공제품 수입이 늘어나 열악한 국산 가공제품의 영역이 줄어들 것이다.

산지유통의 개혁전기

(1) 산지유통기능의 침체

가격이 저렴한 수입농산물의 시장점유율이 높아지고, 상대적으로 가격이 비싼 국내 농산물은 수요가 줄고 판매가격도 떨어 질 것이다. 이런 환경변화에 대응하지 못할 경우 생산위축과 유통기능의 침체를 가져올 것이다.

산지에서 믿을만한 농산물을 싼 가격으로 안정적으로 공급해야 하는데 이를 충족시키는데는 아직 한계가 있다. 대형 유통업체들이 가공원료와 신선농산물도 외국으로 공급선을 바꿀 것이다. 원료조달을 해외에 의존하면 산지 유통기능은 더욱 활기를 잃을 것이고, 이런 악순환은 되풀이 될 것이다.

(2) 산지유통시설의 부실

막대한 투자를 바탕으로 산지유통시설이 세워지고 있고, 가동되고 있는 시설이 많지만, 가동율이 낮고 놀리고 있는 시설이 많다. 미곡유통센타(RPC), 축산물유통센타(LPC), 농산물유통센타(APC) 등 대표적인 산지유통시설들이 적자를 면치 못하고 있다. 그 외의 공판장, 도매시장, 집하장 등 전통적인 유통시설도 마찬가지다. 유휴화되고 부실화되는 시설은 더욱 늘어날 전망이어서 유통시설의 투자 적정성에 대한 문제가 제기될 것이다.

(3) 산지유통조직의 역할부족

산지수집, 공동선별, 공동출하, 공동정산, 정보수집, 공동 마케팅,

물류비 절감, 시장교섭력강화, 소비자와 상인에 대한 신뢰감 조성 등 산지유통조직의 역할이 중요하다. 그러나 생산자 및 생산자단체의 노력과 역할이 미흡한 실정이다.

앞으로 선진거대경제권과의 경제통합과정에서 산지유통기능이 더욱 활성화되어야 할 것이다. 산지유통조직의 기대역할은 지역단위 생산자단체의 재편과 기능활성화를 요구하는 압력이 높아질 것이다.

유통체계의 전환계기

(1) 소비자기대의 상승

소비자의 식품소비 패턴은 환경, 건강, 위생을 중시하고 고급화, 안전화, 간편화, 기능화 방향으로 변하고 있다. 영양과 안전을 보장할 표시제도, 인증제도, 검사제도, 검역제도, 리콜제도, 생산이력제도 등의 도입과 강화에 대한 목소리가 커지고 있다.

대형유통업체는 소비자가 원하는 서비스를 제공함으로써 소비자중심 유통체제로 전환하고 있다. 그러나 산지에서는 이러한 변화에 제대로 대응하지 못하고 있는 실정이다. 다양한 농산물과 가공제품이 수입될 경우 선진국의 각종 식품 유통과 관련된 제도 도입에 대한 요구가 많아 질 것이다.

(2) 고객중심의 식품유통

학교급식 식중독 사고, 악성가축전염병 발생, 농약잔류 농산물

시판, 원산지허위표시 사례 빈발 등으로 소비자의 신뢰가 떨어지고 있다. 건강과 웰빙을 추구하는 소비자들은 식품 안전성에 깊은 관심을 가지고 있다.

식품 안전을 신뢰할 수 있는 제도적 장치를 요구하고 있다. 콜드체인 시스템, HACCP, 생산이력제(Traceability), GM제품표시제 등 식품유통안전체제 구축을 바라고 있다. 건강과 영양에도 관심이 많아지고 있다. 식원병인 당뇨와 비만, 성인병요인인 중성지방과 콜레스테롤을 예방 · 관리하는 차원에서 트랜스지방, 나트륨, 칼로리 함량을 표시하는 라벨제도의 도입도 절실해지고 있다.

(3) 브랜드가치의 영향력

소비자는 상품의 브랜드를 보고 믿고 사는 경향이 많다. 기업 브랜드, 상품 브랜드, 지역 브랜드를 통하여 차별화가 이루어진다. 브랜드가치는 기업의 경쟁력 향상에만 중요한 것이 아니고 농산물에도 중요한 판매수단이다.

상품이 아닌 브랜드를 파는 시대다. 소비자의 감성에 호소하여 브랜드 인지도와 브랜드 충성도를 높여야 한다. 시장주도권은 대형유통업체에게 있는 것이 아니고 소비자에게 있다. 소비자의 가치와 변덕을 알아야 고객확보와 시장개척이 가능한 것이다.

유통체계의 발전전략

05

■■■ 안전성(Safety) 관리

농산물의 생산, 유통 및 소비단계에 이르기까지 안전성(Food Safety)이 확보될 수 있도록 전과정을 관리하는 제도다. 생산단계에서는 우량농업(GAP: Good Agricultural Practices), 유기농업(OF: Organic Farming) 및 정밀농업(Precision Agriculture)에 의해 생산되고 관리되어야 하고, 집하 · 선별 · 등급 · 포장 등이 위생적으로 이루어져야 한다.

유통과정에서는 ① 냉장운송시스템(Cold Chain System), ② 위험 경보시스템(Alert System), ③ 원산지표시제도, ④ 안전성검사, ⑤ 식품표시(Labelling Rules) 및 ⑥ 불량품 회수제도(Recall System)를 도입 및 강화해야 한다. ⑦ 식품안전기준(Food Standards)을 재

설정하여 식품첨가물, 설탕 및 소금, 중금속 등 건강위해물질이 기준치를 넘지 않도록 해야 한다.

투명성(Transparency) 관리

농작물생산단계에서 소비단계까지 물류의 흐름을 감시하고 투명하게 알 수 있다면 소비자는 신뢰감을 갖게 될 것이다. 수입품에 대해서는 원산지허위표시를 줄여야 하고, 각종 표시제도에 대한 조회 및 확인제도를 도입해야 한다.

EU에서 도입하고 있는 ① 농작물 이력추적제(Traceability)를 정착시켜야 한다. 이력추적제는 소비자가 농식품을 구입할 때 생산자와 유통인을 확인할 수 있고 단번에 전후의 이력을 추적할 수 있는 제도(one-step-backward, one-step-forward approach)를 말한다. ② 유기식품에 대한기준을 표준화하여 외국산 유기식품과 기준을 통일하고, 유통과정에서 유기식품으로 둔갑하거나 농약잔류물질이 유기 농산물에서 검출되는 사례를 최소화해야한다. ③ 품질인증제도의 기준과 운영도 강화해야 할 것이다.

차별성(Differentiation) 관리

경쟁력 우위 확보를 위해 가장 중요한 요소가 다른 사람이 갖지 못하는 기술, 다른 사람이 침해하지 못하는 지적 재산권과 차별화를 가능케 하는 브랜드다. 차별화는 품질(당도, 모양, 성분 등), 지역(이천쌀, 성주참외, 고창복분자 등), 기능성(미용, 다이어트, 기억력 등), 서비스(신속배달, 반품가능, 포장 등), 가공도(씻는 쌀, 구운 김 등)에 따라 차별화가 가능하다.

현재 우리나라의 브랜드는 원예작물이 6천개 이상, 축산물이 800여개에 달해 소비자를 혼돈스럽게 하고 있다. 인지도가 높은 브랜드는 적다. 브랜드가치가 바로 상품경쟁력이다. 소비자는 브랜드를 식별할 수 있어야 구매와 연결된다. 브랜드가치는 장기적인 관점에서 소비자에게 확실한 이미지를 심어주는 창조행위라 할 수 있다. 제품의 특성과 차별성을 부각할 수 있는 브랜드 통합과 관리가 요구되고 있다.

효율성(Efficiency) 관리

유통업체, 수입업체 및 유통과정에 참여하는 생산자조직은 유통의 효율을 극대화하기 위한 경영전략을 수립하게 될 것이다. 경영전략은 ① 원가절감전략(low-cost strategy), ② 집중화전략(focus strategy), ③ 다각화전략(corporate strategy) 등을 들 수 있다.

원가절감전략은 ① 산지교섭력 증강을 통한 구매비용 인하, ② 물류정보화와 물류표준화를 통한 물류비용 절감, ③ 산지 직거래로 유통단계 단축, ④ 해외 물품조달 등을 통하여 비용을 줄이는 것이다. 판매할 때도 제조원가수준의 가격파괴를 함으로써 경쟁우위를 선점하는 것이다.

집중화전략은 ① 특정지역, ② 특정집단, ③ 특정시장 만을 집중적으로 공략하는 전략이다. 시장세분화(market segmentation)전략도 집중화전략과 유사하다. 시장세분화전략은 전체시장을 몇 개의 부분시장으로 분할한 후 특정부분시장을 공략하는 전략이다.

다각화전략은 2개 이상의 사업을 하는 유통기업이 다른 사업도 진출하여 유통시장의

주도권 확보와 영업위험을 분산시키는 전략이다. 롯데가 백화점, 할인점, 슈퍼마켓 및 인터넷쇼핑으로 사업을 다각화하고 있으며, 신세계는 백화점, 할인점 및 아웃렛에 진출하고 있다.

유통효율을 높이기 위해서는 신기술과 신경영 기법도 도입해야 한다. 예를 들어 Wal Mart 등 미국의 주요 유통업체들이 도입하고 있는 REID(Radio Frequency IDentification)도 상용화되면 효율성을 높일 수 있다.

* REID:제품에 붙어있는 정가표(Tag)만으로 판독기를 통과하면 자동계산되는 시스템

수익성(Profitability) 관리

(1) 산지유통시설의 흑자전환

산지의 거점유통시설로 육성해 왔던 ① 농산물산지유통센타(APC) 253개소, ② 축산물종합처리장(LPC) 9개소 ③ 미곡종합처리장(RPC) 328개소가 대부분 적자경영상태를 면치 못하고 있다. 물량부족으로 가동율이 낮고, 경영부실로 부채가 누적 되어 부도나 유휴상태에 있는 업체가 적지 않다. 앞으로 운영이 어려운 시설은

통폐합하고, 정상경영의 여지가 있는 시설은 운영자금 추가지원, 조직슬림화, 전문경영인 활용을 통한 경영쇄신을 유도하여야 한다.

산지 거점유통시설은 주산지 또는 집산지에, 생산량과 처리량을 고려하여, 적정규모의 시설이 투자되어야 가동률을 유지할 수 있다. 적지(適地), 적량(適量), 적정(適正)의 원칙아래 재조정되어야할 것이다.

선진농업강국과의 경쟁은 유통시설의 양적 팽창에 있는 것이 아니고 질적 생산성에 의해 결정된다. 유통시설의 가동률과 생산성은 유통시설의 투자확대와 구조조정의 기준이 된다. 유통시설의 운영실태를 평가하여 유통시설에 대한 전면적인 경영개선계획을 마련할 시기가 된 것이다.

(2) 산지가공업의 경영혁신

산지가공업체는 1,319개소가 있으나, 운영의 비효율성, 규모의 영세성, 판로개척의 한계 때문에 유명무실해 지고 있다. 농업과 제조업을 연계시켜 농업부가가치를 높여나간다는 취지에서 지원했으나, 제구실을 못하고 있다. 산지가공업도 발전가능성이 없는 업체, 통폐합해야할 업체, 지원해야할 업체를 구분하여 개편을 시도해야 할 것이다.

주산지 명품을 가공하는 기업과 한국 전통 식품을 제조하는 기업은 경영규모, 시설장비, 브랜드 및 연구개발에 대한 투자를 늘려야 할 것이다. 유사한 기업이 산재해 있을 경우 벨트화와 광역화를 추진하거나 네트워킹을 형성하여 분할을 통한 협조체제를 구축할 수 있을 것이다. 영세기업의 난립으로는 수입품에 대적하기 어렵다. 농촌관광과 문화행사 등과 연계하면 판로 개척에 도움이 될 것이다.

■■■ 안정성(Stabilization) 관리

농산물의 과다 공급과 과소공급으로 농산물가격 변동이 되풀이 됨으로써 소득 불안정(Income Instability)이 농민들을 괴롭히고 있다. 가격과 수급의 안정을 위해 ① 수매비축제도, ② 농작물보험제도, ③ 유통명령제도, ④ 최저가격보장제도, ⑤ 자조금제도 등이 도입되고 있다.

수입증가, 재해발생, 과잉생산 등으로 농가소득의 안정성을 담보하기 위한 제도가 소득안정직불제도다. 소득안정직불제도는 경영안정과 생활안정을 보장할 수 있는 실질적인 안정장치여야 한다. 카나다의 농업소득안정제(CAIS: Canadian Agricultural Income Stabilization)가 기상, 질병, 가격하락으로부터 소득손실을 보전하고 있는 생산자 지원장치로 한국의 모델이 될 수 있을 것이다.

글로벌마케팅 시스템

06

해외시장의 진출

우리나라 유통업체도 좁은 국내시장에서 한정된 몫을 놓고 싸울 필요가 없어졌다. 경제통합으로 미국과 EU의 시장의 거대시장에 진출할 수 있기 때문이다. 해외시장 진출은 몇가지 이유로 매력이 있다. ① 일부시장은 시장규모, 기술접근, 원자재 공급 등으로 전략적 중요성이 높다. 전자회사들이 Silicoon Valley에 진출한 것도 최신 기술정보에 접할 수 있기 때문이다. ② 북미, 유럽 및 아시아지역에서 동질적 고객층이 부상하고 있다. 지역적으로는 분산되어 있으나 유사한 특성을 가지고 있다. 고객의 글로벌화가 진전되고 있는 것이다. ③ 자국시장보다 이익창출기회가 더 많은 시장이 있는 경우가 있기 때문이다. 현재 홈쇼핑업체들이 중국에 진출하고 있으나, 미국과 EU의 시장도 공략을 시도해 볼 수 있을 것이다.

생산자단체인 농협도 전략적 관점에서 미국시장이나 EU시장에 진출하여 한국 농식품의 판로개척과 농업발전에 환류할 정보를 입수할 수 있을 것이다. 농식품의 수입도 다른 업체보다 먼저 국내소요량을 수입해서 국내 판매시기 · 물량 · 가격 등을 조절함으로써 국내 농업을 보호할 수 있다.

통합마케팅관리

농업생산, 가공, 유통, 수출의 공급과정과 수입, 유통, 가공, 소비의 수요과정에 모두 참여하는 통합마케팅관가 있다. 마케팅관리(marketing management)는 영업목적을 달성하기 위해 제품, 가격, 경로, 촉진 등의 활동을 관리하는 것을 말한다.

농협은 산지유통, 소비지유통, 가공산업, 수출과 수입에 다 관여하고 있기 때문에 통합마케팅의 관리주체라 할 수 있다. 앞으로 산지유통은 농협이 책임지고, 소비지유통은 2005년 기준으로 하나로클럽이 할인점업 중 시장점유율이 6.7%에 불과하다. 10%에도 못미치는 점유율로는 소매단계에서 다른 유통업체들을 견제하기 어려울 것이다. 소비지 유통기능을 강화하는 한편, 전략적 차원에서 선진농업강국에도 진출을 시도해볼 수 있을 것이다.

농협무역의 개편을 통하여 농산물수출 및 수입전략을 수립하여 정부와 농민의 설득과정을 거쳐 실행하는 것이 국내농업과 농가에 실질적 도움을 줄 수 있을 것이다.

로컬마케팅 시스템

07

산지공동유통체계

생산자와 생산자단체가 공동으로 비용절감, 품질향상, 거래교섭 등의 활동을 하는 것을 말하며, 농협에 판매를 위탁하는 것과는 구별된다. 생산자와 생산자단체가 역할분담을 통하여 공동선별 · 공동출하 · 공동정산, 물류와 판매활동을 하는 것이다. 이를 위해서는 유통전문 인력, 공동출하 및 물류시설, 통명 및 신용거래, 정보시스템이 필수적이다.

지금까지 농협은 산지유통의 기능을 기대만큼 수행하지 못했기 때문에 농협이 불신을 받아 왔다. 농협개혁의 목소리가 높아진 것도 농협이 산지유통에 소극적인 역할을 해온데 기인한다고 볼 수 있다. 이제는 대형유통업체들이 산지유통까지 지배력을 넓히고 있다.

농협이 추진할 과제는 ① 산지공동작업을 위한 지역단위 조직체 형성, ② 지역단위 생산농가에 대한 이해증진과 학습활동, ③ 생산관리, 품질관리 및 공동브랜드를 통한 차별화, ④ 도매시장, 유통업체, 외식업체, 급식업체 등을 상대로 판로개척과 시장교섭 등이다.

로컬푸드 직판체계

지역사회에서 생산한 농식품을 원격 공급망에 판매하지 않고 근거리 지역시장과 거래하고, 지역주민은 지역 산물을 구매하는 지산지소(地産地消)의 지역단위 유통체계를 말한다.

원거리 농식품 공급망은 장거리 운송, 장시간 저장으로 인한 자원낭비, 환경훼손 및 식품오염 등의 폐단을 낳고 있다. 로칼푸드시스템은 소비자가 생산정보를 쉽게 알 수 있고, 신선한 제철 농식품을 접할 수 있을 뿐만 아니라 지역시장의 영역을 넓혀 농업기반을 유지할 수 있다. 지역자본의 유출을 막아 지역경제에도 기여하고, 환경과 자원의 보전에도 긍정적인 역할을 할 수 있다.

(2) 로컬푸드 직판방법

① 친지와 이웃(friends and neighbors)

② 농민시장(farmers' markets)

③ 가판대(roadside stands)

④ 지역사회지원형 농업(community-supported agriculture)

⑤ 전시회(shows and fairs)

⑥ 손수 따기 농장(U-pick farms)

⑦ 농식품 서클(food circles)

⑧ 식품점(grocery and health-food stores)

⑨ 식당(restaurants)

⑩ 학교(school)

⑪ 주문판매(mail order)

⑫ 협동조합(cooperatives)

PART XVI

한국농업의 신발전 모델

한국농업의 구조적 취약점

01

우리나라 농업의 발전가능성과 새로운 전략을 마련하기 위해서는 한국농업의 실상에 대한 정확한 진단이 선행되어야 한다. 외국농업과 비교하여 지리적 환경에 의한 태생적 특수성, 정부에 의해 강요된 정책에 의해 왜곡된 특이성, 그리고 농가의 계속된 관행에 의해 형성된 현장농업의 특수성을 찾아보기론 한다. 외국의 농업과 경쟁하는데 비교적 열위에 있는 한국농업의 취약성을 다섯 가지로 요약할 수 있다.

(1) 영세소농구조와 고령경영체제

농가호당 경지면적 1.5ha, 그 중 경지면적 0.5ha 미만 농가가 전체농가의 40%를 차지하고 있다. 국민 1인당 경지는 3.8a에 불과한 소농구조다. 농업경영자의 연령별 분포도 65세 이상 고령층이 전농가의 45%인 반면, 40세 미만은 3%에 불과한 노인 중심 농업이다.

(2) 미작위주영농과 수입의존구조

논 면적은 경지의 60%, 논벼영농가구는 전농가의 73%를 차지하고 있다. 쌀만은 공급과잉상태에 있다. 다른 작물은 만성적인 수입의존구조를 가지고 있다. 특히 곡물 자급도는 27%도 안 되며, 밀과 옥수수는 1% 미만이다. 2006년도 농산물 수출 22불, 수입 109억 불로 농업무역적자는 87억 불에 달한다.

(3) 고비용 생산관행과 생산성 정체

노동, 비료, 농약, 에너지 등의 투입재 과다사용을 통한 증산영농으로 농산물의 고비용 구조를 탈피하지 못하고 있다. 농산물 고비용 구조는 높은 토지가격으로 인한 토지용역비 증가, 영농자재의 구입가격 상승에도 원인이 있으나, 무엇보다 생산성의 정체를 들 수 있다. 현재의 노동생산성 12천원/시간, 토지생산성 1,100천원/10a 수준은 90년대 말 수준과 비슷하다.

(4) 내수형 농업과 통상갈등

글로벌 추세를 능동적으로 활용하여 해외시장을 개척하고, 외부충격에 대한 완충장치를 마련하여 개방친화적인 분위기를 조성하지 못하고 있다. 일련의 FTA협상으로 개방과 관련한 국내 갈등은 첨예화, 일상화되고 있다. 농업의 다원적 기능과 공익적 가치에 대한 공감을 바탕으로 한 농업의 구조조정과 지원체제도 정착되지 못하고 있다. 농산물에 대한 소비자 신뢰감을 확보하기 위한 청정생산과 투명생산체제도 미흡한 실정이다.

(5) 농업경영의 안정장치 취약

시장개방의 충격, 악성질병의 확산 및 자연재해의 역습에 취약하고, 피해농가의 재기를 도울 수 있는 안정장치가 마련되지 못하고 있다. 고령층은 농업을 떠나고 싶어도 구직이 어렵고, 농업을 다시 한다 해도 변화를 기대하기 어려운 실정이다. 새로 농업에 진입하는 신 경영층의 경우도 영농정착의 경제적 부담과 규제를 완화하여 안정경영의 길을 넓혀 주어야 한다.

02 한국농업의 발전 잠재력

한국농업이 안고 있는 구조적 취약성에도 불구하고 발전과 도약을 위한 가능성과 저력을 찾아야 한다. 취약성을 극복하여 경쟁력을 키우는 방법, 다른 나라보다 우위에 있는 강점을 개발하는 방법 또는 어느 나라도 시도하지 않는 새로운 길을 개척하는 방법 등이 있을 수 있다. 한국농업이 농업강국으로 발전할 수 있는 잠재력을 찾아 깨워야 한다. 발전잠재력을 다섯 가지로 요약해 본다.

* 발전잠재력이란 노동과 자본을 완전 고용하여 달성할 수 있는 성장 능력으로 성장잠재력이라 할 수 있다. 성장잠재력은 노동 및 자본투입량과 기술수준에 의해 결정된다.

(1) 농업 인적자원

산업경쟁력의 원천이 자본에서 지식으로 이동하는 지식경쟁력

시대가 되고 있다. 인적자원이 경쟁력을 결정하는 핵심적 요소가 된 것이다. 농업도 인적자원이 성장의 동력이 되는 사람입국으로 변하고 있다. 출산율 저하와 고령화 진전으로 노동력 감소와 생산성 저하를 겪고 있으나, 새로 농업에 진입하고 있는 세대는 적지만 질적으로 우수한 경영층을 형성하고 있어 새로운 변화를 기대할 수 있다.

(2) 농업 기술지식

재화와 서비스를 생산하는 최선의 방법을 기술지식이라 할 수 있다. 우리나라는 연구 · 개발 수준이 선진국 단계에 진입하고 있다. 기술도입과 따라잡기 전략을 통한 생산성 증가를 추구하는 개도국 수준을 탈피한 것이다. 농촌진흥청, 농과계 대학, 연구기관 및 기업의 기술개발수준은 농업발전의 견인차 역할을 할 것이다.

(3) 농업인 창조정신

새로운 변화를 추구함으로써 보다 높은 생산성을 올리는 역할은 창의적 정신으로부터 출발한다. 새로운 아이디어나 혁신정신이야말로 지식산업을 이끌어 가는 원동력이다. 우리나라는 창조성이 뛰어난 것으로 평가받고 있다. 창조성지수를 보면 한국이 세계 7위, 세계 특허 취득건수는 3위를 차지하고 있다. 부자 농업인의 성공 배후에는 창의성과 독창성이 밑거름이 되고 있다.

(4) 농업 물적 자본

토지와 같은 직접생산자본과 도로, 정보통신, 전력, 용수시설과 같은 사회간접자본을 포함한 개념이다. 우리나라는 경지가 작고 호당 경지가 소규모여서 영세 소농이라는 제약요인이 있다. 그러나 농지기반시설이 갖춰 있고, 비료 · 농약 · 농기계 등 생산자재 산업과 농업정보 · 수송 · 시장 등 주변 연관 산업이 발달하여 농업에 기여하고 있다.

(5) 사회적 자본

생산자와 소비자간 신뢰, 생산자간 협동, 대학과 산업간 산학협동, 정부와 농업인과의 협조, 제도의 정비 등 사회적 연결망을 사회적 자본이라 하며, 생산성을 결정하는 요인이다. 우리나라의 경우 농업에 대한 우호적 분위기가 형성되어 있고 농업에 대한 신뢰와 협조체계가 높은 수준이라 할 수 있다. 농업에 대한 지원과 이해는 농업발전의 큰 힘으로 작용할 것이다.

사회적 자본은 국부를 창출하는 데 핵심적인 역할을 하고 있다. 자연자본, 생산자본 및 사회적 자본의 국부창출 기여도는 후진국의 경우 26%. 16% 및 50%. OECD국가의 경우 2%, 17% 및 81%로 선진국일수록 무형자본의 기여도가 높다(IBRD, Where is the Wealth of Nations?)

농업의 메가트랜드

03

우리나라의 농업내부와 외부환경이 어떻게 변할 것인가 정확히 예측하여 대비한다면 다가오는 미래는 친근한 미래로 다가올 것이다. 변화의 방향과 규모를 정확하게 감지하였다 해도 대책이 없거나 준비를 안했다면 두려움으로 미래를 맞아야 한다. 더구나 미래에 일어날 변화의 모습을 모르고 있다면 변화의 물결에 대책 없이 휩쓸리고 말 것이다.

피해갈 수 없는 변화의 바람이라면 사전에 철저히 준비해야 할 것이다. 우리 농업에 부정적인 영향을 주게 될 변화요소와 긍정적인 효과를 가져 올 메가 트랜드를 정리해 본다.

(1) 시장개방과 경제통합

WTO의 다자간협상인 도하개발아젠다, 국회비준동의를 앞두고 있는 한미 FTA, 협상이 진행되고 있는 한EU간 FTA가 발효되면 우리나라의 농업은 사실상 자유무역체제로 편입된다. 세계 최대의 농산물 수출국과 세계 최대의 경제권과 경제교류와 경제통합을 할 경우 국내 농업은 구조적 격변과정을 맛볼 것이다. 반면에 대응하기에 따라서 국내 농업은 창조적 파괴과정을 거쳐 세계 일류의 농업강국으로 변모할 수도 있을 것이다.

(2) 환경파괴와 온실가스

지구환경은 인구증가, 산업화 및 도시화로 자연훼손, 오염물질 증가 및 생물다양성 파괴로 몸살을 앓고 있다. 화석연료의 연소로 인한 지구온난화, 오존층파괴, 산성비와 사막화 그리고 동식물 멸종 등이 대표적 환경문제다. 특히 온실가스로 인한 기후변화는 농업에 치명적인 영향을 미친다. 농업도 환경에 부담을 주는 역할을 한다. 농업도 투입량 감소와 친환경농업 기술개발 등을 통하여 환경에 기여하는 산업으로 탈바꿈해야 한다.

(3) 식품오염과 질병확산

농산물 생산과 수송과정에서 토양, 공기, 물, 생물, 비료, 농약 등으로부터 유해물질이 혼입되거나 미생물에 오염되는 것을 1차 오염이라고 한다. 2차 오염은 가공, 저장 및 소비과정에서 유해물질이나 유독 미생물이 함유되는 것을 말한다. 식품은 영양상의 건전성과 위생상의 안전성을 확보해야 건강한 식생활이 가능하다. 식품위생문제가 빈발해지고, 가축질병과 식원병은 세계적 이슈가 되고 있어 검역관리가 중요해지고 있다. 식품안전의 위해요소를 차단하여 소비자의 신뢰를 얻는 길이 농업의 활로가 될 것이다.

(4) 기술개발과 투자확대

기술개발은 소비자의 요구와 시장수요의 변화에 대응하여 신제품, 신서비스 및 신공정을 개발하는 것이다. 과학기술의 진보는 생산성 향상, 에너지 절감, 환경부담 저감 등에 기여해왔고, 앞으로 농업기술의 개발은 더욱 가속화되고 융합화될 것이다. 특히 바이오기술은 의학과 농업분야에서 활발하게 연구 · 개발되고 있고, 전자 · 정보 · 화학 등 다양한 분야에 걸쳐서 응용되고 있다. 바이오기술은 국가 간 경쟁이 치열해지고 있으므로 투자를 집중하여 선발자 이익을 확대하여야 할 것이다.

(5) 힘의 이동과 판도 변화

힘의 이동을 정확히 읽고 행동할 때 미래의 승자가 될 수 있다. 경제현장에서는 정부에서 시장으로, 시장에서는 생산자에서 소비자로, 생산현장에서는 농업인에서 자재공급업자에게로, 출하현장에서는 농업인에서 유통업자로, 판매현장에서는 중소상인에서 대형마트로, 경영일선에서는 창업자에서 경영인으로, 지구촌에서는 미국일변도에서 브릭스부상으로 힘의 축이 변하고 있다. 농업도 지식경영, 창조경영 및 환경경영으로 힘의 이동이 진행 중이다.

(6) 부의 흐름과 빈부격차

경제적 성공을 좌우하는 것은 다른 사람이 갖지 못하는 신기술,

다른 사람이 침해하지 못하는 지적 재산권, 다른 제품과 차별화시키는 브랜드다. 소득과 부의 불평등은 지식기반사회에서 더욱 심화될 것이다. 농업과 첨단산업간, 농업인간 경제적 불평등은 커질 것이다. 나라가 부유해 진다고 불평등이 사라지는 것이 아니다. 중산층에서 하류층으로 몰락하지 않기 위한 농업인의 노력과 정부의 대응이 있어야 한다.

(7) 소득향상과 여가생활

생활수준이 향상됨에 따라 잘 벌고, 잘 쓰고, 잘 먹고, 잘 놀고, 잘 쉬는 품격 높은 삶을 추구한다. 건강, 환경 및 여가에 관심을 가지고 귀족적인 웰빙생활을 중시한다. 식생활은 건강식, 미용식, 간편식을 선호하고 여가생활은 쾌적한 환경을 찾아 여행, 휴향 및 체험을 하기도 하고, 골프 같은 스포츠나 공연관람 같은 문화활동도 많아진다. 소비생활은 개성화, 고급화 경향이 뚜렷해 질 것이다.

세계농업의 4대 유형

04

강국과 대국

농산물의 무역규모를 기준으로 농업의 힘을 측정할 수 있다. 농산물 최대 수출국과 농산물무역수지 최대 흑자국의 농업과, 구조적으로 농산물수입에 의존하고 있는 수입국과 농업무역수지 적자국의 농업을 비교해 볼 필요가 있다. 농업환경이 비슷하고 발전격차를 줄일 가능성이 높은 선진 농업강국의 경쟁력과 그 요인을 들여다 볼 필요가 있다. 우리나라의 농업발전에 시사점을 제시할 것이기 때문이다. 여기서는 국가 간 통일된 기준으로 비교하기 위해 FAO의 2006년도 농산물무역통계를 기초로 삼는다.

(1) 농업대국

농산물 생산규모를 기준으로 볼 때 최대 농업 생산국은 중국, 인도, 미국, 프랑스, 독일, 호주, 브라질, 아르헨티나, 캐나다, 러시아 등이다. 중국과 러시아는 국내 절대 생산량은 많지만, 국내 자급도 어려워 수입에 의존하고 있다. 경지면적이 1천만 ha 이상의 국가가 여기에 속한 것이다.

(2) 농업강국

농산물 무역규모와 무역수지를 기준으로 분류해 볼 수 있다. 농산물의 세계 최대 수출국은 미국, 네덜란드, 프랑스, 독일, 브라질 등이 5위권 내에 들고, 세계 최대 수입국 5개국은 미국, 독일, 중국, 일본, 영국 등이다. 독일, 일본, 중국, 영국 등 4개국은 만성적인 적자국이고, 수출도 많이 하면서 흑자 기조를 유지하는 나라는 미국, 네덜란드, 프랑스, 브라질, 호주 등이다. 이들 국가를 농업강국이라 할 수 있다.

4대 유형

농업대국(경지면적 > 1천만ha)과 농업강국(농산물 수출액 > 수입액)인 경우 농업강대국으로, 농업대국이나 수입의존도가 높으면 농업약대국으로, 농업소국이면서도 농산물 수출이 수입을 초과하고 있는 경우 농업강소국, 농업소국이고 수입에 의존학도 있는 국가는 농업약소국 등 네 가지로 분류할 수 있다.

농업강대국은 미국, 카나다, 프랑스, 호주, 브라질 등이고 농업약대국은 중국, 러시아, 독일 등이다. 농업강소국은 네덜란드, 뉴질랜드, 덴마크, 벨기에 등이다. 농업약소국은 일본, 영국, 한국 등을 들 수 있다.

표 33 • 미국, 화란, 일본 및 중국의 농업비교

	미국	화란	일본	중국
인구(백만명)	297	16	127	1,320
1인당 GDP(불)	36,352	23,288	39,184	1,441
농업/산업(%)	1.0	2.4	1.3	15
경지면적(천ha)	176,018	910	4,474	137,124
소(천두)	94,888	3,767	4,478	134,824
곡물생산량(천톤)	389,066	1,754	11,990	413,166
육류생산량(천톤)	38,891	2,350	3,028	74,306
생산자가격(불/톤)				
밀	119	100	1,345	127
쌀	118	–	1,919	
145				
옥수수	88	101	1,073	112
콩	210	–	1,698	261
쇠고기	1,598	1,166	7,675	960
돼지고기	844	929	2,567	781
닭고기	767	660	1,426	518
농산물수출액/ 총수출액(%)	8	13	0	2
농산물수입액/ 총수입액(%)	4	9	9	4

출처: FAO (2006)

한국농업의 지향모델 05

선진국으로 진입하는 과정에 농업이 갈 수 있는 길은 세 가지 시나리오를 상정해 볼 수 있다. 첫째는 미국형 농업, 둘째는 일본형 농업, 셋째는 네덜란드형 농업이다.

① 미국농업

경지면적 세계 1위, 곡류와 육류의 생산은 세계 2위이나 수출은 세계 1위, 세계 최고의 농업기술과 사회적 자본을 갖추고 있다. 미국의 농가 호당 경지는 우리나라의 130배나 되는 규모화 농업, 자본과 기술집약적 농업으로 세계농업을 지배하고 있는 셈이다.

② 일본농업

경지면적 농가당 1.6ha로 한국의 1.4ha와 비슷한 소규모 농업이다. 농가가 농외소득에 의존하고 있는 부업화된 농업이라 할 수 있고, 쌀만 자급하고 나머지는 수입에 의존하고 있는 구조적인 수입국이다. 농산물 가격은 세계에서 가장 비싼 편이다.

③ 네덜란드농업

경지면적이 10~20ha로 비교적 규모가 작고, 기후조건도 열악하다. 안개가 많고, 습도도 높고, 일조량이 적고, 바람도 거세다. 우리나라와 달리 쌀은 생산하지 않지만, 화훼 · 낙농 · 곡물을 주로 생산하고 있는 세계 제 2의 농산물 수출국이다.

앞으로 한국의 본보기가 될 수 있는 농업모델은 자원, 자본, 기술이 풍부한 대규모 영농에다 수출지향적인 미국형 농업은 갈 길이 아니다. 소규모영농, 농업의 부업화 전략, 수입의존도가 가장 높고 농산물 가격이 가장 비싼 일본형 농업도 아니다. 지금까지 일본 농업을 답습해온 한국농업은 방향을 바꿔야 한다. 경지가 작고, 자원이 부족하고, 환경이 열악하면서도 농업최강국이 된 네덜란드는 한국농업의 귀감이 될 수 있다.

06 네덜란드 농업의 시사점

작은 나라 네덜란드는 17세기 세계를 주름잡던 최강국이었으며, 주식회사, 증권거래소, 은행 등 경제시스템을 만들어 낸 국가였다. 세계 최초의 신용대출제도 도입과 낮은 이자율로 상품가격이 영국의 절반도 안 되었다. 네덜란드인들은 비싼 밀은 수출하고 싼 호밀을 수입하여 먹었고, 질 좋은 버터는 수출하고 저렴한 버터를 사다 먹었다. 네덜란드는 농업혁명을 통하여 17세기 유럽농업의 메카로 인정받았다. 오늘날도 운송강국, 무역강국, 투자강국, 농업강국, 수리강국, 간척강국, 청어강국으로 유명하다.

(1) 국민정신

① 개척정신

네덜란드는 국토의 1/3이 바다보다 낮다. 물과 싸워 바다를 육지로 만들었다. 열악한 자연조건에 도전해온 개척정신이 오늘의 농업 강국을 만든 것이다. " 세계는 신이 창조했으나 네덜란드만은 네덜란드인이 창조했다" 는 말이 잘 표현해 주고 있다

② 개방정신

네덜란드는 무역개방과 문화개방에 앞선 나라다. 국경개방을 통하여 상업국으로 부상하였고, 종교적 난민에게도 문호를 개방한 나라다. 요즘도 마약 · 동성애 · 안락사 · 매춘업을 개방하고 있으며, 세계 최강의 무역국이 된 것도 개방정신이 있기 때문이다.

③ 창조정신

화란인은 역경을 이용하는 탁월한 재능이 있다. 땅을 넓히기 위하여 댐을, 거센 바람을 이용하여 풍차를, 일조시간 부족을 극복하기 위하여 자동유리온실을 만들었다. 라인강 하구에 위치한 지리적 여건을 이용하여 유럽 최대의 항구를 만들기도 하였다.

④ 상인정신

자원이 빈약하고 인구가 많아서 장사로 눈을 돌린 것이다. 한국에 개성상인이 있다면 유럽에는 네덜란드 상인이 있다. 화란이 무역입국이 된 것도 상인정신과 상술 탓이다. 소국이면서도 다국적기업이 많은 것이나, 외국어 구사력이 뛰어난 것도 상인정신과 결부되어 있다.

⑤ 팽창정신

해외진출과 대외팽창은 화란을 해양강국으로 만들었다. 대외지향적인 기질은 신대륙 발견, 식민지 확보 및 무역확대로 이어 졌다.

남아프리카 케이프타운, 호주, 뉴질랜드 등을 최초로 발견한 것도 네덜란드인들이었다. 인도네시아와 수리남을 식민통치하였고, 동인도회사를 설립하여 천연자원을 확보했다. 일본도 네덜란드에게 최초로 문호를 개방하였다.

(2) 발전 동력

네덜란드가 불리한 농업환경에도 불구하고 농업생산성이 가장 높고 농산물 무역흑자액이 가장 많은 농업강국을 이룩한 요인을 열거해 본다.

7 가지 동인이 서로 작용한 결과라고 평가된다.

① 네덜란드인의 창조적 정신과 강인한 기질
② 독일을 비롯한 유럽경제권의 큰 소비 시장
③ 아시아와 아프리카에 구축해 놓은 원료시장
④ 유럽의 관문이자 물류 중심지로 개발한 항만
⑤ 선도적인 농업기술 개발과 체계적 현장교육
⑥ 개방과 무역을 최대한 활용하는 국제적 상술
⑦ 식품가공산업의 발전과 물류와 무역의 융합

(3) 본받을 점

우리나라 농업이 네덜란드로부터 용기와 자신을 얻을 수 있는 점을 찾아보면, 세 가지로 요약할 수 있다.

① 네덜란드는 비교적 소농규모인데도 창조력과 기술력으로 농업의 힘을 키울 수 있었다. 구조조정을 통한 규모 확대가 유일한 길

이 아님을 알 수 있다. 기술개발과 인력개발, 신제품과 신시장 개발 등에 주력해야 할 것이다.

② 네덜란드는 시장개방과 무역을 최대한 활용하였고, 원료수입을 통한 가공무역으로 재미를 보았다. 한US, 한EU 등 거대경제권과의 자유무역체제 구축을 계기로 시장선점 전략이 있어야 한다. 가공산업의 발전과 가공무역도 새로운 활로가 필요하다.

③ 네덜란드는 독일을 비롯한 인접 유럽의 거대시장을 활용하여 안정된 수출이 가능했다. 한국도 세계 최대 수입시장인 중국과 일본이 있어 수출 잠재력이 크다. 앞으로 한중 무역도 중국산 수입에서 한국산 수출로 전환될 시기를 앞당겨야 한다. 대일 수출도 새로운 작전을 마련하여 적극적인 공략을 해야 한다.

07 한국농업의 발전 전략

발전 비전

한국농업이 건전한 산업으로 기틀을 잡기 위해서는 농업의 수익성이 좋아야 하고, 농업이 공익성에 대한 기여도를 높여야 할 것이다. 따라서 농업의 목표를 5Ws로 나타낼 수 있다.

① 생산자에게는 높은 소득을 올려 재산(wealth)을 축적하고,

② 소비자에게는 잘 먹고 잘 사는 웰빙(wellbeing)에 기여하고,

③ 동식물에게는 생활터전을 제공하는 야생(wildlife)을 보호하고

④ 인간과 동물의 삶을 존중하는 복지(welfare)를 증진하여

⑤ 모든 생물이 공존해 갈 수 있는 세상(world)이 되도록 오염과 훼손을 막는 역할을 해야 한다. 즉, 농업이 다원적 기능(multi-functionality)을 충실히 발현하여 가치를 높이는데 목표를 둔다.

■■■ 발전 전략

(1) 농업을 지적 산업(soft industry)으로 전환

농업은 육체와 근육에 의존하는 산업이 아니다. 농토만 많다고 돼는 산업도 아니다. 농업은 광활한 농토, 풍부한 노동력, 천혜의 자연조건이 주도하던 경성산업이었다. 그러나 이제는 창조적인 머리, 새로운 기술과 지식, 위험을 무릅쓰고 도전하는 벤처정신에 기반을 둔 연성산업으로 변해야 한다. 경쟁력은 노동과 토지가 아니라 창조와 지식에서 나오기 때문이다. 아르헨티나와 네덜란드를 비교해 보면 알 수 있다. 앞으로 농업도 경영하는 사람에 따라 달라질 것이다. 우수한 인재의 흡수, 체계적인 기술개발과 교육이 중요해지고 있다. 다행이 우리나라는 창조적 머리를 가졌다는 평가를 받고 있다. 창조성지수(innovation index)가 세계 7위로 나타났다.

(2) 독창적인 제품(unique product)으로 차별화

농산물도 특색이 있어야 잘 팔리고 가격이 좋다. 변덕스러운 소비자의 마음을 사로잡기 위해서는 제품의 크기, 색깔, 모양, 당도, 성분, 포장, 상표, 서비스를 차별화하는 방법(무료배송, 24시간 판매 등) 포장이나 상표를 차별화하는 경우 등이 있고, 귀종농으로 가는 길도 있다.

(3) 농가와 지역의 통합(connecting the farm to its local community)

생산자와 소비자를 직접 연결하고, 지역사회와 생산자를 연결하는 지역단위 통합식품시스템(local integrated food system)을 구축

하는 것이다. 농민시장과 지역사회 지원형 농업을 통하여 지역소비자는 신선한 지역산물을 맛볼 수 있고 생산자는 높은 가격으로 판매할 수 있게 된다.

지역단위 주민들은 미리 일정액을 계약농가에게 주고 수확기에 농산물을 배달하는 지역연대농업을 지역사회지원형 농업(community-supported agriculture)라 하며, 미국에서는 천개이상이 운영되고 있다. 지역주민은 지역농산물에 대한 안전성을 알 수 있고, 지역농민은 생산물을 직거래하여 지역 내에서 순환시킴으로써 원거리 공급망을 통한 거래에서 오는 감염, 부패 및 경비를 막을 수 있다.

(4) 사람을 통한 경쟁우위(competitive advantage through people)

지식기반사회에서는 사람이 경쟁력인 사회다. 사람경쟁력은 산업인력이 손, 머리 및 마음을 가지고 생산성을 향상시키는 것이다. 사람경쟁력을 경쟁력의 원천으로 삼는 사람중심사회는 사람에 대한 투자를 집중하여 사람경쟁력을 높이고, 사람경쟁력 향상을 통해 산업경쟁력과 국가경쟁력을 높이는 것이다.

농업의 미래도 농민의 능력에 달려 있다. 성공한 농업은 꿈, 깡, 꾀가 있는 농민이 일군다. 영농희망 대학생 장학제 확충 등 새로운 인적자원의 유치를 위한 유인책, 인력개발을 위한 교육시스템 구축 및 신사업, 신제품, 신수요의 창출을 시도하는 농민에 대한 지원제도를 강화할 필요가 있다.

(5) 수출지향형 산업(export-oriented business)

경제통합이 진전되는 상황에서 세계시장을 안정적으로 확보하고, 경쟁을 통해 국내경쟁력을 높이기 위해서는 세계시장에 능동적으로 진출하여야 한다. 해외의 우월한 기술, 자본 및 상품을 잘 활용하고, 개방을 수용할 수 있는 환경을 조성할 필요가 있다.

내수중심의 농업을 수출지향형 농업으로 전환해 가야 할 것이다. 수입대체를 위한 노력보다 수출촉진을 위한 품목개발과 시장개척에 힘을 써야 한다. 수입할 것은 수입하고, 수출할 것은 수출하여 무역의 혜택을 활용하는 통상 농업을 지향해야 할 것이다.

고비용 · 저산출형 농업을 저비용 · 고산출형 농업으로 전환해야 한다. 농산물의 고가격구조를 저가격구조로 전환해야 농업 경쟁력을 높일 수 있다. 아무리 안전하고 품질 좋은 농산물이라도 가격이 지나치게 높을 경우 판도를 잃게 된다. 농업의 경쟁력은 고품질과 저가격에서 나온다.

(6) 안전(safe)식품의 안정(stable)공급

안전한 농산물을 공급함으로써 소비자의 구미와 식생활에 도움을 주어야 한다. 안전한 농산물 생산을 위해서는 우량농법(GAP; good agricultural practices), 정밀농업(precision agriculture) 및 유기농업(organic agriculture)이 확산되고 이를 보증하는 인증제도와 표시제도 정착되어야 할 것이다.

안전한 농산물도 안정적으로 공급하는 안정장치가 있어야 소득안정이 보장된다. 안정적인 공급체계는 생산자단체 주심의 자율적인 수급안정, 계약재배, 수매비축, 유통협약과 명령제, 자조금제 등을 잘 활용해야 한다.

(7) 상승작용을 통한(synergistic) 소득향상

농업을 1차 산업에서 2차 산업, 3차 산업과 연결시켜 상승효과를 올리는 것이다. 농업은 1차 산업에서 1차 산업 × 2차 산업 × 3차 산업 = 6차 산업으로 변신할 수 있다. 농업과 가공업, 농업과 관광업, 농업과 판매업, 농업과 민박업, 농업과 교육, 농업과 문화, 농업과 건강, 농업과 휴식, 농업과 물류업, 농업과 스포츠 등 다양한 분야와 짝을 지을 수 있고, 소득도 높일 수 있다.

농촌의 "쾌적한 환경과 전래의 문호"(amenities)를 가꾸고 보전하여 이를 상품화하는 노력이 필요하다. 현재 정부, 지역사회 및 농가가 부분적으로 시도하고 있으나, 수려한 자연환경과 독특한 전통문화를 가지고 있는 고장을 발굴하여 원형을 보존하고 차별성을 부각시키는 노력이 선행되어야 할 것이다.

예시 19 귀농(貴農)의 길

= 소(小)/천(賤)/약(弱)의 농업을 파괴하고,
중(中)/귀(貴)/강(强)의 신농업을 창조

- 생산비절감 한계, 불특정다수 판매, 시장의 익명성보장, 수확기 홍수출하, 창작품 가격 무차별성 등은 농민의 의지와 상관없이 천하게 취급
- 규모화를 통한 생산비절감도 경지의 분산, 토지매입비과다 등의 제약으로 광토에 대형기계로 농작업을 하는 농업대국과 달리 규모화 효과도 기대곤란
- 고물가구조를 이용하되, 희소성의 유지, 신상품 창작, 상품 차별화, 티켓고객 개발, 소량판매 등 신가치가 고수익으로 이얼 수 있는 전략 수용(스위스 시계)
- 귀농은 귀하게 재배하여 귀한 상품을 만들어 귀한 고객을 상대로 귀하게 파는 귀한 비즈니스로서 국내에서 시험과정을 거쳐 해외로 확산
- 먹는 것도 귀천이 있고 특수 농산물은 사회적 신분상징과 관계가 있으므로 귀족 마케팅기법을 활용하여 고수익을 올릴 수 있으나, 이런 귀농은 실험과 연구을 거친 소수에게 가능

참고문헌

국문자료

권오복, 정정길. 2004. 중국의 경제성장과 한국농업 · 농촌의 새로운 기회 · 한국농촌경제연구원

김경량 외. 2005. 북한농업의 개혁. 한울

김성훈. 2004. 다산의 개혁사상과 우리농업의 희망찾기(특강자료)

김성훈. 2009. 더 먹고 싶을 때 그만 두거라. 한국농어민신문

김정호. 2004. 농업 · 농촌의 현실과 비전(토론회자료). 한국농촌경제연구원

김종길. 2004. 대외경제협력의 전략적 모색. 울력

김희자. 2003. 인간이 빚은 나라. 네덜란드. 꼭사요

농림부. 2008. 농림업주요통계

농림부. 2007. 한미 FTA농업부문 협상결과 및 대책방향(4.4 국회보고자료)

대외경제정책연구원. 2004. 중국의 부상과 동아시아 경제

민승규 외. 2003. 벤처 농업 미래가 보인다. 삼성경제연구소

매일경제신문사. 20080 MB노믹스.

매일경제 대한강국 프로젝트팀. 2008. Mission 10만 달러. 매일경제신문사

북한경제포럼. 2008. 북한경제와 남북한 경제협력. 오름

산업연구원. 2006. 한국산업의 발전비전 2020

성진근 외. 2004. 한국의 농업정책, 틀을 바꾸자. 삼성경제연구소

손상하 옮김, 샨시우파 외. 2005. 등소평과 21세기 중국의 전략. 유스북

손선홍. 2005. 분단과 통일의 독일현대사. 소나무

송기호. 2006. 한미 FTA의 마지노선. 개마고원

송유철 외. 2001. 주요국 농업정책 변화와 WTO협상의 시사점. 대외경제정책연구원

식품저널. 2008. 식품유통연감

신봉호 외. 2005. 이제는 사람이 경쟁력이다. 한겨레신문사

AT커니 · 매일경제. 2005. 창조혁명보고서. 매경출판

이병욱 외. 2005. 환경경영. 에코리브르

이봉외 외 옮김. 나카시마 야스히로 지음. 식품안전의 경제학. 강원대출판부

이상준 외. 2001. 남북한간 새로운 교류 · 협력 기반의 단계적 구축방안. 국토연구원

이시원 외. 2002. 수도권과 비수도권의 지역격차. 한울

이정환 외. 2007. 한국농업이 가야할 제3의 길. 해남

이철호. 2005. 식품위생사건백서(2). 고려대출판부

이해영. 2006. 낯선 식민지, 한미 FTA. 메이데이

이현승, 김현진. 2004. 늙어가는 대한민국. 삼성경제연구소
임성훈. 2008. 북한을 사라. 한울출판사
임형백, 이상우. 2005. 농촌사회의 환경과 기능. 서울대학교출판부
장상태 외. 2007. 외식산업론. 두남
장종익 옮김. 존스턴 버챌 지음. 2007. 농업협동조합운동. 들녘
장하준. 2007. 개혁의 덫. 부키
주경철. 2003. 네덜란드. 산처럼
최병일. 2006. 한미 FTA 역전시나리오. 랜덤하우스
통일연구원. 2004. 남북한 교류 · 협력과 NGO의 역할
한국농촌경제연구원. 2009. 농업전망. 2009

영문자료

Bovard, James. 1989. The Farm Fiasco. San Fransisco: ICS Press
Enriquez, Juan. 2001. As The Future Catches You. New York: Random House
FAO. 2002. Trade Yearbook
Florida, Richard. 2002. The Rise of the Creative Class. Basic Books
Friedman, Thomas L. 2000. The Lexus and The Olive Tree. New York: Anchor Books
Friedman, Thomas L. 2005. The World Is Flat: A Brief History of the Twenty-first Century. New York : Farrar, Straus and Giroux

Holthaus, Gary. 2006. from the farm to the table. University Press of Kentucky

Iked, Johm E. 2008. Crisis & Opportuity. University of Nebraska Press

Kim, W. Chan and Ren' ee Mauborgne. 2005. Blue Ocean Strategy. Harvard Business School Publishing Corporation

Kimbrell, Andrew. 2002. The Fatal Harvest Reader: The Tragedy of Industrial Agriculture. Sausalito: Deep Ecology

Lang, Tim. 2006. Food Wars. Earthscan

Macher, Ron. 1999. Making Your Small Farm Profitable. Pownal: Storey Books

Makower, Joel. 2009. Strategies for the Green Economy. McGrawHill

Maxwell, Simon and Rachel Slater. 2004. Food Policy Old and New. Blackwell Publishing

Meier, Gerald M. 1995. Leading Issues In Economic Development. Oxford University press

Reich, Robert B. 2002. I' ll Be Short. Bethesda: The Sagalyn Agency

Robinson, Kenneth L. 1989. Farm and Food Policies and Their Consequences. New Jersey: Prentice-Hall

Schott, Jeffrey J. 2004. Free Trade Agreements: US Strategies and Priorities. Washington, DC: Institute for International Economics

Shucksmith M., K. J. Thomson and D. Roberts. 2005. The CAP and the Regions. CABI Publishing

Stiglitz, Joseph E., Andrew Charlton. 2005. Free Trade For All. Oxford University Press

USTR. 2007. Trade Facts: Summary of KORUS FTA

Tomich Thomas D., Peter Kilby and Bruce F. Jonhnston. 1995. Transforming Agrarian Economies: Opportunities Seized, Opportunities Missed. Itaca: Cornell University press

약어 및 외래어

삼농(三農) : 농업(農業), 농촌(農村), 농민(農民)

삼반(三反) : 반시장(反市場), 반농민(反農民), 반공익(反公益)

썩세스(SUCCESS) : 유연한(Soft), 차별화(Unique), 연대화(Clusted), 청정화(Clean), 효율화(Efficient), 지속 가능한(Sustainable), 고객만족의(Satisfied) 농업

DDA : Doha Development Agenda (도하개발 아젠다)

GMO : Genetically Modified Organism (유전자 변형농산물)

FTA : Free Trade Agreement (자유무역협정)

MMA : Minimum Market Access (최소의무수입량)

NTC : Non Trade Concerns (비교역적 관심)

TRQ : Tariff Rate Quata (관세율 할당)

WTO : World Trade Organigation (세계무역기구)

레드오션 : Red Ocean (경쟁이 치열한 기존의 산업과 시장)

블루오션 : Blue Ocean (경쟁이 없는 새로운 산업과 시장)

어메니티 : Amenity (쾌적하고 깨끗함)

유비쿼터스 : Ubiquitous (언제 어디서나 접속이 가능하다는 의미)

ASEAN : Association of South-East Asian Nations(동남아시아 국가연합)

AFTA : ASEAN Free Trade Area(아세안자유무역지대)

APT : ASEAN Plus Three Plan(아세안+3국)

FTA : European Free Trade Association(유럽자유무역연합)

MERCOSUR : Southern Cone Common Market(남미공동시장)
브라질, 아르헨티나, 우루과이, 파라과이 등이 1995년에 발족

NAFTA : North American Tree Trade Agreement(북미자유무역협정)

GAP : Good Agricultural Practices(우수농산물관리제도)

IFM : Integrated Farm Management(종합농장관리)

INM : Integrated Nutrient Management(종합영양관리)

IPM : Integrated Pest Management(종합해충관리)

IWM : Integrated Weed Management(종합잡초관리)

Safeguard(긴급수입제한조치)

USDA : US Department of America(미국농무부)

USTR1 : US Trade Representative(미국무역대표부)

SWOT : Strength, Weakness, Opportunity, and Threat(경영분석기법) 외부환경이 기회(O)인지 위협(T)인지 분석하고, 내부환경이 강점(S)이냐 약점(W)이냐를 분석하여 메트릭스로 나타내는 방법. OS면 Max-Max로서 외부환경이 기회, 내부환경이 강점이어서 성공가능성이 높다. WT면 Min-Min로서 외부환경과 내부환경이 최악이기 때문에 실패 확률이 높다. OW일 때 Max-Min으로 내부환경을 개선해야 한다. TS라면 Min-Max 외부의 위협요인을 극복해야 한다.